MW01688082

ESPAÑA
razones para conocerla

© Lunwerg, S.L., 2011
© Fotografías: se indica en la página 323
© Ignacio Zuloaga. VEGAP, Barcelona, 2011
© Salvador Dalí. Fundació Gala-Salvador Dalí, VEGAP, Barcelona, 2011
© Succession Antonio Saura / www.antoniosaura.org, VEGAP, 2011
© Sucesión Pablo Picasso. VEGAP, Madrid, 2011
© de las fotografías del Templo Expiatorio de la Sagrada Familia: Junta Constructora del Templo de la Sagrada Familia. Todos los derechos reservados. Queda totalmente prohibida cualquier reproducción o/y modificación de las fotografías del Templo Expiatorio de la Sagrada Familia sin el consentimiento previo y formalizado por escrito de la Junta Constructora del Templo Expiatorio de la Sagrada Familia.
© Textos: Albert Ollé
© Traducción: Andrew Langdon-Davies

Creación diseño y realización: Lunwerg

ISBN: 978-84-9785-760-4
Depósito Legal: B-19.918-2011
Imprime: Egedsa

LUNWERG, S.L.
Avenida Diagonal, 662-664 – 08034 BARCELONA
Paseo de Recoletos, 4 – 28001 MADRID
lunwerg@lunwerg.com
www.lunwerg.com

Lunwerg es una editorial del Grupo Planeta.

El editor hace constar que se ha hecho todo lo posible por localizar a los poseedores de los copyrights de las imágenes que ilustran esta obra, por lo que manifiesta la reserva de derechos de los mismos y expresa su disposición a rectificar errores u omisiones, si los hubiere, en futuras ediciones.

No se permite la reproducción total o parcial de este libro, ni su incorporación a un sistema informático, ni su transmisión en cualquier forma o por cualquier medio, sea éste electrónico, mecánico, por fotocopia, por grabación u otros métodos, sin el permiso previo y por escrito del editor. La infracción de los derechos mencionados puede ser constitutiva de delito contra la propiedad intelectual (Art. 270 y siguientes del Código Penal).
Diríjase a CEDRO (Centro Español de Derechos Reprográficos) si necesita fotocopiar o escanear algún fragmento de esta obra. Puede contactar a través de la web www.conlicencia.com o por teléfono en el 91 702 19 70 / 93 272 04 47.

Impreso en España

El papel utilizado para la impresión de este libro es cien por cien libre de cloro y está calificado como papel ecológico.

ESPAÑA
razones para conocerla

Albert Ollé

Prólogo
Juan Eslava Galán

LUNWERG
EDITORES

Sumario

Prólogo

Juan Eslava Galán

En el siglo XVIII, la aristocracia inglesa puso de moda el *Grand Tour,* un viaje por Francia e Italia que se consideraba esencial para la formación de los jóvenes de familias acomodadas antes de casarlos e introducirlos en sociedad. España quedaba fuera del itinerario. La consideraban un país casi africano, bárbaro e incómodo, desprovisto de atractivos.

La decadencia de la aristocracia del *Ancien Régime* y la ascensión de la burguesía, a principios del siglo XIX, determinaron la inclusión de España en el *tour* cuando franceses e ingleses, llegados al albur de las guerras napoleónicas, descubrieron con asombro un atractivo territorio que superaba al resto de Europa en variedad de paisajes y huellas de antiguas culturas, y que, además, atesoraba estimables monumentos y tradiciones populares.

Una serie de viajeros románticos, entre los cuales cabe citar a Washington Irving, Richard Ford, George Borrow, Charles Davillier, Théophile Gautier y Prosper Mérimée, divulgaron las bellezas de nuestro país, a veces, reflejadas en el espejo deformante de un orientalismo exagerado que acuñó tópicos hoy día sobradamente superados: infames carreteras, caminos casi de cabras, abominables ventas con camas infestadas de chinches y platos anegados de aceite rancio inaceptables para un paladar refinado. Actualmente, ese panorama ha cambiado por completo: España está a la cabeza de Europa en comunicaciones (autovías y tren de alta velocidad), en hostelería (con una excelente relación entre calidad y precio), y la gastronomía española es sobradamente conocida y apreciada, e incluso impone fuera de nuestras fronteras una manera de comer inspirada en las tapas del sur y en los pinchos del norte.

En las fotografías y textos de las páginas que siguen, el lector disfrutará de un recorrido por las variadas Españas, ese caleidoscopio de sensaciones, colores, sabores y paisajes que compendia nuestra sorprendente diversidad. En 62 escogidos apartados penetrará en esa riqueza extraordinaria de un país en el cual un mismo viajero puede esquiar por la mañana en las nieves de Sierra Nevada y nadar por la tarde en las cálidas aguas de las playas de Motril; un país en el cual el visitante puede recorrer, en sólo un día de exploración sevillana, lo que el cronista Luis de Peraza denominó *el mejor cahiz de tierra del mundo*, una ciudad romana, Itálica; un palacio musulmán, los Reales Alcázares; una catedral gótica, la iglesia Mayor (con la más bella torre almohade, la Giralda); un palacio renacentista italiano, la Casa de Pilatos, y una notable colección de iglesias barrocas.

En las páginas que siguen viajaremos desde las islas Canarias hasta las verdes espesuras de la cornisa cantábrica y las recoletas playas de la Costa Brava; contrastaremos culturas que, si en otros tiempos se enfrentaron, hoy día se complementan en la ciudad islámica de Madinat al-Zahra y la Alhambra de Granada, en las iglesias prerrománicas de Asturias o del Pirineo catalán. Nos sorprenderemos ante la variedad artística que España exhibe, desde las pinturas prehistóricas de Altamira, admirablemente representadas en su neocueva, hasta los grandes maestros del Prado, la mejor pinacoteca del mundo. En cuanto a la arquitectura, ¿qué mayor diversidad que la que ofrece la villa medieval de Santillana del Mar y las construcciones futuristas del Guggenheim de Bilbao, las viviendas troglodíticas de Guadix y el templo de la Sagrada Familia de Barcelona, amén del compendio de arte clásico, románico, gótico, renacentista, barroco, neoclásico y moderno, y las múltiples variedades regionales de todos ellos?

Si atendemos al folclore, su variedad aturde: distintas versiones de la Semana Santa (contrastemos Sevilla con Zamora, por ejemplo); infinitas ferias y romerías, Sanfermines, fiestas de Moros y Cristianos, los *castellers*, carnavales...

Para terminar, la riqueza gastronómica. En sólo un rincón, el onubense, podemos encontrar tres excelencias mundiales difíciles de superar: el jamón de Jabugo, la gamba blanca y el fresón de Lepe. Ampliemos el objetivo: la admirable síntesis de la paella en que se aúnan la tierra y el mar, el refrescante gazpacho, las mil variaciones regionales del cocido interior y de la caldereta costera...

Es un país para saborear, al cual, ya sin dilación, nos introduce este libro.

Introducción

Albert Ollé

Hay mil razones, mil motivos para visitarla. España es una suerte de continente en miniatura, una extensa miniatura, cierto, y nada tiene que ver el brumoso Cantábrico gallego con la deslumbrante luz mediterránea de Málaga ni los imponentes paisajes de alta montaña de los Picos de Europa con la aplastante llanura de la meseta castellana, ni el atormentado paisaje de Timanfaya con los civilizadísimos jardines a la francesa de Aranjuez. Baste un ejemplo cinematográfico para ilustrar la diversidad climática y paisajística de España: en 1962 se rodó en el desierto almeriense la película *Lawrence de Arabia*, ambientada en el desierto Arábigo, y tres años más tarde, en 1965, se filmaron en la provincia de Soria las escenas del crudo invierno siberiano de *Doctor Zhivago*.

La mayor dificultad con que se ha enfrentado la redacción de este libro ha sido la selección de los lugares. Ha sido doloroso dejar de lado tantas poblaciones, tantos paisajes, tantos monumentos queridos y admirados, pero ¿cómo era posible no hacerlo cuando se habla de un país con miles de kilómetros de costas, con un territorio más cargado de historia que de geografía? Esta antología de lugares visitables se ha efectuado atendiendo a un criterio lo más ecléctico posible. Se ha intentado recoger las diferentes motivaciones que impulsan al viajero a elegir uno u otro destino puesto que cada cual opta por el tipo o los tipos de turismo que más se adaptan a sus intereses. Así, los diferentes artículos se organizan de forma temática.

La primera gran área está dedicada a la naturaleza y los paisajes. Un paisaje es el producto de una serie de fenómenos geológicos que crean la base orogénica, el relieve. Sobre esta base influirán después los factores climáticos, que modificarán dicho relieve con su acción erosiva y crearán ríos y lagos, y condicionarán la flora y la fauna. El último eslabón en la creación y, desgraciadamente en muchos casos, en la destrucción de paisajes es la acción del hombre. Esta sección incluye cuatro parques nacionales de los 14 con que cuenta España: Doñana, Timanfaya, Picos de Europa y el Marítimo-Terrestre de las Islas Atlánticas de Galicia. En principio, un parque natural es una zona de alto valor ecológico, en la cual la acción del hombre se reduce al mínimo. Sólo se permite en ellos las actividades agrícolas y ganaderas tradicionales, respetuosas con el entorno y claramente sostenibles. La sección también incluye tres paisajes culturales, es decir, tres territorios en cuya excepcional belleza ha intervenido con acierto la mano del hombre: el Palmeral de Elche, la zona minera de época romana de Las Médulas y el Valle del Jerte, los dos primeros inscritos en la lista del Patrimonio de la Humanidad de la Unesco. Completan el área de paisaje y naturaleza tres caprichos geológicos: las mallorquinas cuevas del Drach, el macizo de Montserrat, la montaña sagrada catalana, y la Ciudad Encantada en Cuenca.

La segunda área temática reúne nueve poblaciones españolas con un particular encanto. Si en la sección de paisajes el elemento fundamental era la geografía, en ésta hay que hablar de historia, la que ha modelado en gran medida el perfil de las poblaciones. La inmensa mayoría de pueblos españoles han sido en algún momento de su historia zona fronteriza, ya sea entre los reinos cristianos y los musulmanes, entre los mismos reinos cristianos de Castilla, León, Navarra y Aragón o bien entre las taifas sarracenas. Esto ha influido en la propia ubicación de las poblaciones, por lo general, situadas en altozanos fáciles de defender y en la estructura de la trama urbana, frecuentemente ceñida por murallas y presidida por un imponente castillo. En este apartado se han incluido las ciudades de Ronda, en la provincia de Málaga, la turolense Albarracín y Morella, en Castellón. Otro tipo de poblaciones seleccionadas son los puertos de mar. La vida de las poblaciones costeras gira en torno al mar: de él han obtenido históricamente su subsistencia, ya sea con la actividad pesquera, ya sea por las facilidades comerciales que conllevaba la existencia de un puerto en épocas en que la navegación era la mejor opción para el transporte de mercancías a gran escala. Además, el mismo mar que les proporcionaba vida y riqueza también les aportaba grandes peligros: del mar llegaban los devastadores saqueos piratas o las invasiones de ejércitos enemigos. Las localidades con puerto seleccionadas son: Combarro, con sus hórreos en Pontevedra; Ciutadella, en Menorca, con su precioso puerto; y la bohemia Cadaqués, en la Costa Brava de Girona. Completan la sección la señorial Santillana del Mar, en Cantabria; Aranjuez, con su palacio Real y Guadix, con sus insólitas viviendas trogloditas.

También la sección de patrimonio está estrechamente relacionada con la historia, pues ésta nos ha ido dejando los nueve monumentos arquitectónicos incluidos en ella si se acepta la licencia de considerar «arquitectura» las cuevas de Altamira, que no responden exactamente a la definición que de esta disciplina hace el Diccionario de la Real Academia Española. En esta sección aparecen monumentos de la Prehistoria, como las mencionadas cuevas, y de época romana, como el acueducto de Segovia, una de las construcciones más espectaculares de la época, o el espléndido teatro de Mérida, un monumento «vivo», puesto que cada verano es el marco del Festival de Teatro Clásico. De la Edad Media son las impresionantes murallas de Ávila, uno de los recintos amurallados mejor conservados de Europa, si no el mejor; el conjunto monástico de San Juan de la Peña, en Huesca, y la catedral gótica de León, «la más francesa de todas las catedrales de Europa», con sus deslumbrantes vidrieras. El Real Sitio de San Lorenzo de El Escorial, panteón real, monasterio y residencia real, fue construido en el siglo XVI, en tiempos de Felipe II, en estilo renacentista castellano. Más moderna es la Plaza Mayor de Salamanca, espléndido conjunto concebido en el siglo XVIII por Alberto y Manuel de Larra de Churriguera. No podía faltar la basílica de la Sagrada Familia de Barcelona, un insólito ejemplo de arquitectura religiosa contemporánea, cuya construcción comenzó en el siglo XIX y se terminará, si se termina, en el siglo XXI.

El apartado sobre otras culturas tiene un título engañoso. En efecto, si examinamos la mayoría de monumentos españoles, éstos corresponden a culturas foráneas, a pueblos que entraron en la Península como invasores, se asentaron en estas tierras y se diluyeron en lo que a posteriori hemos dado en llamar «pueblo español», del cual somos descendientes. Romanos, visigodos, vándalos y alanos podrían considerarse como «otras culturas». Sin embargo, hemos decidido agrupar bajo este título específico las culturas «expulsadas», aquellas a las cuales no les fue permitido continuar con sus tradiciones en nuestras tierras: musulmanes y judíos. Se recogen, así, en esta sección los testimonios que estas culturas nos dejaron. Por parte musulmana, se han incluido dos palacios reales: la Alhambra de Granada y los Reales Alcázares de Sevilla, así como también una mezquita, la de Córdoba, una de las mayores, no sólo de Europa, sino de todo el mundo, y por último, una ciudad califal, Madinat al-Zahra, construida en el siglo X por el primer califa de Córdoba, Abderramán III *an-Nasir li-din Allah*. Por parte judía, entre las numerosas juderías españolas se han incluido las de Girona, Hervás y Besalú, y también las sinagogas toledanas de Santa María la Blanca y del Tránsito, reconvertidas en iglesias cristianas.

De nuevo, la historia se convierte en protagonista en el apartado dedicado a los museos españoles. El más antiguo de todos, el Museo del Prado, fue construido en el siglo XVIII para custodiar las colecciones de pintura de la Casa Real. Más tarde, en el siglo XIX, la Desamortización de los bienes eclesiásticos llevó a las administraciones a construir museos provinciales para albergar las riquezas artísticas abandonadas en los conventos por las órdenes expropiadas. Así nació el Museo de Bellas Artes de Sevilla, instalado en el convento de la Merced, que reúne unas excepcionales colecciones de pintura del Siglo de Oro, y también el Museo Nacional Colegio San Gregorio de Valladolid, con una extraordinaria exhibición de escultura castellana. En cambio, el Museu Nacional d'Art de Catalunya se creó en la década de 1930 con la vocación de reunir una buena muestra del arte catalán de los últimos 1.000 años. A pesar de no ser un museo, se incluye también en esta sección una iglesia, la de Santo Tomé, en Toledo, que alberga una de las obras mayores del Siglo de Oro español, *El entierro del conde de Orgaz*. Completan la sección tres museos de arte contemporáneo creados en las últimas décadas del siglo XX o la primera del XXI: el Museo Nacional Centro de Arte Reina Sofía, creado para albergar la pintura de los siglos XX y XXI, que tiene como protagonista al magnífico *Guernica* de Picasso; un museo monográfico dedicado a un solo pintor: el Teatre-Museu Dalí, que exhibe en Figueres el delirante mundo interior del pintor surrealista y el Museo de Bellas Artes de Bilbao.

La sección de arquitectura contemporánea reúne una serie de edificios que destacan por la audacia de su diseño, el uso inteligente de los nuevos materiales de construcción y su fecundo diálogo con el entorno, sea éste natural o urbano. Las instituciones públicas y las grandes sociedades multinacionales compiten por construir edificios emblemáticos que se conviertan en la imagen corporativa de la ciudad o de la compañía. En ocasiones se trata de edificios destinados a fines culturales, como el espectacular Museo

Guggenheim de Bilbao, la Ciudad de las Artes y de las Ciencias de Valencia, el Museo de la Evolución Humana de Burgos, el Centro Niemeyer de Avilés o el Museo de Arte Contemporáneo de Castilla y León. Responden al criterio de «imagen de marca» las Bodegas Marqués de Riscal, en Elciego (Álava) o el madrileño Complejo Cuatro Torres. Al vanguardista pabellón puente de Zaragoza hay que considerarlo como un bellísimo y gigantesco monumento a la ingeniería civil.

Siendo tan grande la diversidad de España, tan rica en diferentes lenguas, costumbres y culturas, su patrimonio folclórico es, por fuerza, excepcional. Cada población española, por pequeña que sea, tiene sus fiestas patronales, más o menos adaptadas al calendario solar y al de las tareas agrícolas tradicionales. Incluso se da el caso de pueblos abandonados o casi abandonados, a los cuales cada año regresa la población ausente con motivo de dichas fiestas. Algunas de estas celebraciones son de tal fastuosidad y arraigo popular que se convierten en un gran evento teatral en que todos los habitantes y, en muchas ocasiones, los visitantes se convierten en actores y espectadores al tiempo. Es el caso de las procesiones de Semana Santa, que en tantas ciudades españolas articulan la sociedad civil en cofradías que desfilan por las calles rememorando la Pasión, o la sevillana Feria de Abril que, a pesar de celebrarse en un recinto muy concreto, el Real, invade con su colorida alegría toda la ciudad, o el de la romería del Rocío, en Huelva, donde la veneración a la Virgen se tiñe jubilosamente con matices de gran fiesta pagana. También son altamente participativas las fiestas de Moros y Cristianos, en las cuales ambos bandos, ricamente ataviados de época, se enfrentan en una guerra ritualizada con los pasos de cada compañía, o las Fallas valencianas, que articulan la ciudadanía en sus comisiones falleras que, junto a las bandas de música, constituyen el núcleo asociativo en las poblaciones levantinas. Obviamente, sería un auténtico pecado no mencionar, entre las fiestas tan participativas, los Carnavales de Santa Cruz de Tenerife, los más cariocas de Europa, o los Sanfermines, en Pamplona, con todos sus excesos de alcohol y adrenalina, y dos manifestaciones populares que se han ganado la declaración de Patrimonio Inmaterial de la Humanidad por parte de la Unesco: el flamenco (cante, baile y toque) y los *castells* de Tarragona. La sección de costumbres populares y eventos se cierra con una mención al Camino de Santiago, en palabras de Luis Carandell, «un museo al aire libre de 800 km», por el cual han circulado y continúan circulando cientos de miles de peregrinos.

Si Miguel de Unamuno escribió «hay quien viaja, horroriza tener que decirlo, para gustar de diferentes cocinas», R. J. Courtine, un gastronómada francés, con el cual nos identificamos plenamente, escribió una obra titulada *La vuelta al mundo en 80 platos*. Podría parafrasearse este último título con otro: *La vuelta a España en tropecientos mil platos*. Hemos querido cerrar la obra seleccionando unas pequeñas referencias gastronómicas de este país nuestro en que, tal y como afirmaba el añorado *gourmet* Xavier Domingo, no cabe hablar de «cocina española», sino de «cocinas españolas», con el plural más plural que pueda adjudicarse a ambas palabras.

paisajes

Parque Nacional y Natural de Doñana
(Huelva, Sevilla y Cádiz)

Situado en el suroeste de la península Ibérica, al oeste de la desembocadura del río Guadalquivir y de sus marismas, el conjunto del Parque Nacional y del Parque Natural del Entorno de Doñana es la mayor reserva ecológica de Europa con sus 105.000 ha. Aunque hay vestigios de ocupación humana desde época romana, el parque entró en la historia de España por la puerta grande cuando el séptimo duque de Medina-Sidonia decidió construir en él un palacio para su esposa, doña Ana Gómez de Silva y de Mendoza, de quien el parque tomó el nombre. Se trata de un paisaje modelado por la interacción de los acuíferos, subterráneos y meteorológicos, y por las fuertes brisas marinas, que han creado el característico relieve costero, con sus dunas móviles, que van modificándolo constantemente. No obstante, la riqueza biológica del parque está determinada, sobre todo, por el ecosistema de las lagunas y marismas, hábitat perfecto para una increíble diversidad faunística. Las marismas están alimentadas por las lluvias estacionales, por filtraciones marinas y por los llamados «ojos», unos brotes de agua procedentes de los acuíferos subterráneos. Por su parte, las marismas son superficies cubiertas de agua en primavera e invierno y secas el resto del año. Sin duda alguna, desde el punto de vista biológico, esta última zona constituye el ecosistema más interesante del parque, pues al quedar inundadas durante los meses fríos y la época de nidificación, acoge a cientos de miles de aves migratorias del norte de Europa. Una puesta de sol en las marismas en primavera, mientras las aves efectúan sus últimos vuelos diurnos antes de recogerse en sus nidos, es un espectáculo difícil de olvidar.

La riqueza biológica del parque atrae cada año a ornitólogos de todo el mundo. Las labores de investigación y de conservación de este área natural protegida están cubiertas por un patronato que alberga uno de los centros de investigación del medio ambiente más importantes de Europa.

Sin embargo, a pesar de su declaración como Parque Nacional en 1969, está amenazado por diferentes agresiones medioambientales, como la extracción de agua para usos agrícolas, la presión urbanística de las últimas décadas, la romería del Rocío o la navegación de petroleros por la costa, lo cual es una perenne amenaza de una marea negra. Por último, el gran desastre de Aznalcóllar, en 1998, con el vertido de varios hectómetros cúbicos de líquido ácido en el Guadiamar, un río que alimenta los humedales del parque, a punto estuvo de causar una terrible catástrofe ecológica.

p. 17
Primavera, puesta de sol sobre las marismas de Doñana, al oeste del bajo Gaudalquivir.

p. 18
Una muestra de la rica fauna del parque: lince ibérico, ciervo en plena berrea, nido de águilas imperiales, garcilla bueyera y pareja de abejarucos comunes.

p. 19
Uno de los característicos ecosistemas del Parque Nacional de Doñana son sus dunas móviles.

Parque Nacional de Timanfaya
Lanzarote (Islas Canarias)

El 1 de septiembre de 1730 se desencadenó el infierno en la vega de Timanfaya, situada en el suroeste de la isla de Lanzarote. De repente se abrió una treintena de conos volcánicos que estuvieron vomitando lava, *lapilli* y cenizas durante casi seis años. Las lenguas de lava avanzaron por el paisaje, quemando y arrasándolo todo. Al irse enfriando en contacto con la atmósfera, la lava se fue solidificando y dejó una superficie rocosa y atormentada de la cual emergen los conos volcánicos. El paisaje lunar de las llamadas Montañas del Fuego parece sacado de una película de ciencia ficción, con los ríos de lava de formas líquidas espectacularmente solidificadas.

Uno de los fenómenos geológicos más originales de Timanfaya es el de los jameos. Se trata de lenguas de lava que fueron avanzando por tierra hacia el mar. En contacto con la atmósfera y con los materiales fríos de la superficie terrestre, los bordes de la lengua se fueron enfriando y solidificando y crearon un túnel por el cual continuaba circulando la lava líquida. Cuando cesó la erupción volcánica, estos «envoltorios» de lava solidificada en forma de túneles que pueden llegar a alcanzar kilómetros de longitud quedaron vacíos. Los famosos Jameos del Agua se adentran en el mar hasta una distancia tan grande que no ha podido ser evaluada todavía por la dificultad que entraña suministrar el oxígeno necesario a los submarinistas que han acometido su exploración. En ocasiones, los techos de los jameos se derrumban y dejan un caótico paisaje, como el del valle de la Tranquilidad.

También aparecieron unos pequeños conos al pie de uno central, llamados conos parásitos, resultado de la enorme presión del magma, que no encontraba salida suficiente por la chimenea volcánica mayor. Otro interesante fenómeno volcánico son los hornitos, unos volcanes minúsculos que en las lenguas de lava producían los gases sometidos a presiones insoportables. Timanfaya continúa teniendo actividad volcánica: lo comprenderá el visitante al comprobar la elevada temperatura del suelo en las Montañas del Fuego o al contemplar los géiseres provocados por los guías turísticos al arrojar agua en las grietas de la misma montaña.

Además de ser un auténtico paraíso para los vulcanólogos, Timanfaya, declarado Parque Nacional en 1974, es para los biólogos un campo de investigación excepcional, que les permite observar en vivo y en directo el proceso de colonización *ex novo* de la flora y la fauna aniquiladas por la erupción del siglo XVIII.

p. 21
Arriba, el Lago Verde, en el municipio de El Golfo, y una espectacular formación volcánica; abajo, una de las escasas especies de plantas crasas adaptadas a las difíciles condiciones del terreno.

pp. 22-23
En primer plano, paisaje lunar del Parque Nacional de Timanfaya, compuesto por materiales volcánicos solidificados frente a un horizonte de cráteres.

Parque Nacional de los Picos de Europa
(Cantabria, Asturias y León)

Los actuales rasgos geológicos del macizo de los Picos de Europa, la mayor formación caliza de Europa, responden a una larga historia de orogénesis y erosión que culminan hace 50 millones de años con la tectónica alpina que provocó un plegamiento por el cual aumentó considerablemente su altura. Desde entonces este sistema montañoso ha estado sometido a procesos de erosión por la acción del agua y de las glaciaciones.

Por su cercanía al mar –en su punto más próximo no lo separan de él más que 15 km–, la pendiente es muy acentuada. Por ello, los ríos bajan con mucha violencia, erosionan considerablemente el relieve calizo y crean profundos cañones. También la acción del agua ha provocado el llamado fenómeno de karstificación, que consiste en la filtración de agua en el terreno calizo, la cual va disolviendo los materiales más blandos y forma un laberinto de cavidades y corrientes subterráneas.

El conjunto de los Picos de Europa está dividido en tres macizos, delimitados por ríos que han generado profundos valles fluviales. El macizo de Ándara, al este, está delimitado por los ríos Deva y Duje. Es el menos elevado de los tres; el de los Urrieles, en el centro, se extiende entre los ríos Cares y Duje. Es el de mayor altura, con 38 cumbres de más de 2.500 m, entre ellas el punto culminante del parque, Torre de Cerredo (2.646 m) y el mítico Naranjo de Bulnes (2.518 m). El de Cornión, al oeste, está situado entre los ríos Sella y su afluente Dobra al oeste, y el Cares al este. Alberga un interesante conjunto de lagos glaciares, los dos lagos de Covadonga, el Enol y el de la Ercina, situados a más de 1.000 m de altitud, así como el Real Sitio de Covadonga. Los dos lagos, separados por la porra de Enol, son de origen glaciar, es decir, se formaron al retirarse la lengua glaciar y quedar la morrena frontal como dique de contención de las aguas.

El Real Sitio de Covadonga, por su parte, es el símbolo de la cristiandad española. El santuario se construyó en la cueva donde don Pelayo y sus fieles pasaron una noche orando para que la Virgen (la Santina) les concediera la victoria ante las huestes musulmanas que los asediaban. En un principio, el templo estaba construido sobre una plataforma de madera que prolongaba la superficie de la cueva. Dicha plataforma estaba sostenida por pilares apoyados contra la pared rocosa. Destruido por un incendio en 1777, su reconstrucción se fue retrasando hasta la definitiva restauración después de la guerra civil según el proyecto primitivo.

p. 25
Arriba, un típico lago de origen glaciar y la ermita rupestre de Covadonga, alojada en una cueva del risco; abajo, acceso a la basílica de Covadongaa lo largo de la espectacular foz del río Reinazo.

pp. 26-27
El pico Urriello, también conocido como Naranjo de Bulnes, visto desde la Brecha de los Cazadores.

Parque Nacional Marítimo-Terrestre de las Islas Atlánticas

(Galicia)

Este parque nacional comprende cuatro archipiélagos y sus fondos marinos, situados frente a las costas atlánticas gallegas, entre las rías de Arousa y de Vigo. Los archipiélagos emergieron del océano Atlántico en el precámbrico si bien su larga historia geológica culminó con el plegamiento alpino, hace unos 60 millones de años. La orografía de las islas tiene, por lo general, un relieve muy escarpado en las costas occidentales, las que miran al Atlántico, y más suave, con largas playas en las costas orientales, las que están orientadas a la península Ibérica. De hecho, las islas son las partes más altas de las sierras litorales que se hundieron en el mar. Sobre ellas se ha producido una serie de procesos erosivos fundamentalmente por la acción del mar y del viento. Así, los embates del océano han creado grandes cuevas en los acantilados graníticos de las costas occidentales de las islas mientras que la acción del viento ha sido determinante en la flora de las islas, por lo general, constituida por matorrales. También existen algunos bosques de pinos y eucaliptos introducidos por el hombre, que han «expulsado» prácticamente la encina autóctona.

A pesar de la belleza de sus playas –y de las insuperables puestas de sol, probablemente las más espectaculares de la Península–, el principal atractivo de las islas son sus fondos marinos. En efecto, las corrientes atlánticas, cargadas de plancton, afloran al chocar con la plataforma continental y crean una zona de gran riqueza biológica. Los submarinistas se sorprenderán con los maravillosos paisajes submarinos, acantilados que se hunden en el agua hasta profundidades vertiginosas, auténticas praderas de algas, una profusión de peces y crustáceos que evocan lo mejor de la gastronomía gallega: mejillones, almejas, percebes, gambas, langostas, bogavantes, centollos, lubinas, meros, sargos, morenas, lenguados o especies no comestibles, pero terriblemente espectaculares, como las estrellas de mar gigantes, que pueden medir más de medio metro. Obviamente, esta riqueza piscícola constituye un auténtico imán para miles y miles de aves marinas que encuentran en las islas una perfecta zona de nidificación que les asegura abundante alimento.

Otro atractivo submarino tiene su origen en la intensa navegación que desde los más remotos tiempos ha circulado por la zona que, unida a las frecuentes tempestades, ha provocado infinitos naufragios, desde barcos romanos y galeones que hacían la ruta de las Indias hasta modernos barcos pesqueros y de cabotaje.

p. 29
Arriba, las islas do Monte Agudo y do Faro, en el archipiélago de las Cíes; abajo, la isla de Cortegada.

pp. 30-31
Playa de Mélida, en la isla de Ons.

Palmeral de Elche
(Alicante)

La existencia de palmeras datileras en la zona de Elche (Alicante) está documentada desde época íbera, pero el gran palmeral se creó en el siglo VIII, durante la ocupación musulmana. Se trata de una inmensa plantación de *Phoenix iberica* –más de 200.000 ejemplares repartidos por más de 4 millones de metros cuadrados– que rodea la ciudad por tres de sus cuatro costados. Los árabes, un pueblo del desierto especialista en el aprovechamiento del agua, eligieron esta especie vegetal por su adaptabilidad a las aguas salobres, tal y como ya habían comprobado en emplazamientos semejantes del norte de África. De hecho, las palmeras de Elche son una adaptación a las condiciones peninsulares de la *Phoenix dactylifera* del Magreb y de Oriente Medio. Para su cultivo, los musulmanes diseñaron e instalaron un complejo sistema de regadío con agua del río Vinalopó. Esta estructura se ha conservado hasta nuestros días y así se ha creado un paisaje cultural, es decir, un paisaje sabiamente modificado por la mano del hombre, de excepcional belleza. El palmeral es un auténtico oasis en el entorno natural ilicitano que, excepto en sus zonas hortícolas, presenta un aspecto agreste y desértico.

El palmeral está perfectamente integrado en la ciudad de Elche, que nunca ha querido renunciar a él a pesar de que su explotación ya no resulta económicamente rentable. La ciudad ha sabido crecer urbanísticamente, respetando los huertos de palmeras y utilizándolos como zonas verdes que oxigenan el ambiente con su particular microclima. Del mismo modo, el visitante encontrará en el gran bosque de palmeras construcciones y huertos perfectamente adaptados al paisaje en un armónico maridaje de urbanismo y naturaleza. El palmeral contiene también jardines específicos de plantas aromáticas mediterráneas, de cactus, de plantas tropicales, que crecen a la sombra de la omnipresente palmera. Sin duda alguna, la protagonista del huerto es la Palmera Imperial, ejemplar con una antigüedad de 165 años, con siete vástagos que salen de un único tronco, llamada así en honor de la emperatriz austrohúngara Sisí, que insistió en visitarlo en 1894.

El palmeral fue objeto de un gran interés estético por parte de los pintores del romanticismo, seducidos por el ambiente orientalizante que tanto apreciaban. También cautivó, ¡cómo no!, al valenciano Joaquín Sorolla, máximo representante del impresionismo español, quien lo inmortalizó en uno de los paneles de la serie *Visión de España* que pintó para la Hispanic Society of America de Nueva York.

p. 33
Los atardeceres entre las palmeras se presentan rodeados en un ambiente casi mágico e irreal.

pp. 34-35
Vista panorámica del Palmeral, una inmensa mancha de vegetación en el árido paisaje ilicitano.

La Ciudad Encantada
(Cuenca)

Este capricho de la naturaleza, extraordinario resultado de la acción escultórica del agua y del viento, se encuentra en el término municipal de Valdecabras, en la vertiente sur de la serranía de Cuenca, a unos 36 km de la capital homónima. Se trata de un macizo calizo, producto de los sedimentos de un mar de la era secundaria elevado posteriormente en el terciario con el plegamiento alpino. La heterogénea composición geológica de los materiales del terreno ha presentado, a lo largo del tiempo, una resistencia desigual a los factores erosivos. Así, el agua ha ido disolviendo los materiales calizos inferiores y ha creado galerías subterráneas. Al hundirse el techo de éstas, quedaron en pie bloques de materiales más resistentes que, con el paso del tiempo, han ido adquiriendo unas formas caprichosas que el viento se ha encargado de redondear. En otras partes, como en el llamado Mar de Piedra, el agua, al fluir por la pendiente, ha ido disolviendo también la caliza, creando unos surcos muy marcados llamados lapiaces.

La Ciudad Encantada es un auténtico museo geológico. El visitante cree que está paseando por una ciudad onírica, donde todas las formas evocan algo conocido, pero de forma irreal, surrealista, una ciudad con sus calles, sus plazas, sus monolitos, sus estatuas, puentes y arcos. El visitante creerá que está soñando cuando se enfrente a formaciones rocosas con nombres tan sugerentes como las llamadas Mar de Piedra, La foca, El puente, La ballena, Los amantes de Teruel, Los tres barcos, El perro, La cara de hombre, El puente romano, El llamador, El tobogán, La lucha del elefante y el cocodrilo, El dinosaurio, El convento, La tortuga, El oso, y tantos otros como la imaginación sea capaz de bautizar.

Existe un recorrido bien señalizado de 3 km de longitud, muy accesible, para observar las formaciones más espectaculares, si bien el viajero más curioso solicitará los servicios de un guía que le conducirá también por los rincones fuera del circuito y le ayudará con sus explicaciones a comprender mejor los procesos erosivos acaecidos. Si todavía le quedan ganas de sorprenderse, el visitante se acercará a Los Callejones, en la vecina localidad de Las Majadas, un conjunto de formaciones similar al de la Ciudad Encantada, aunque de dimensiones más reducidas.

El paraje tiene una vegetación mediterránea, con pinares, enebros, sabinas y zarzamoras. La fauna más espectacular está representada por aves, como el buitre leonado y varias especies de águilas, y mamíferos, como el jabalí, el zorro y la ardilla.

p. 37
Vista aérea del trabajado y fascinante relieve de la Ciudad Encantada, en las cercanías de la ciudad de Cuenca.

pp. 38-39
Dos ejemplos de las sugestivas formas creadas por la erosión del agua y del viento.

Cuevas del Drach

Manacor (Mallorca)

Situadas en el municipio de Manacor, en la costa oriental de la isla de Mallorca, las cuevas del Drach (cuevas del Dragón) forman una cavidad kárstica subterránea que presenta una sucesión de grandes salas y galerías de 2 km de longitud, con un gran lago de agua salada, llamado lago de Miramar o lago Martel, y una profusión de estalagmitas y estalactitas de una belleza deslumbrante. Las cuevas fueron exploradas de forma sistemática por primera vez en 1896 por el espeleólogo francés Édouard-Alfred Martel, con el patrocinio del archiduque Luis Salvador de Austria.

La cueva se ha formado a lo largo de tres procesos geológicos. En primer lugar, los fenómenos kársticos, es decir, por disolución de las partes calizas de la roca debido a la acción del agua; el segundo factor es el denominado clástico, es decir, el amontonamiento de rocas producto de los derrumbes, arrastre de rocas por el agua, etc. El tercero se debe al depósito de carbonatos que deja el agua en el techo (estalactitas) antes de caer en el suelo, donde forma las estalactitas por el mismo fenómeno.

Las principales salas de la cueva son la cueva Negra, la cueva Blanca, la cueva de Luis Salvador, la cueva de los Franceses, la cueva de los Árabes, la cueva del Lago Martel, la cueva del Sagrario y la cueva de los Murciélagos. Todas ellas están comunicadas de forma bastante caótica, a diferentes niveles, lo que obliga al visitante a subir y bajar nada menos que 250 escalones para ir pasando de una a otra sala. Ello se debe a los hundimientos y los reajustes de la bóveda que se han ido produciendo (fenómenos clásticos) a medida que la acción del agua ha ido abriendo nuevos espacios al disolver la caliza (fenómenos kársticos).

El fondo de la cueva se halla por debajo del nivel mar. Por esta razón, los lagos de la cueva son de agua salobre y el nivel de su superficie corresponde al nivel del mar, tal y como ha quedado documentado con ocasión de las mínimas mareas que se producen en el Mediterráneo. El principal lago es el Miramar (o Martel), de 125 m de longitud, que se recorre en barca. El paseo por el lago es de una belleza inolvidable: el agua cristalina refleja el techo cubierto de estalactitas, un efecto mágico realzado por la sabia iluminación de Carles Buïgas, el ingeniero artífice de la fuente mágica de Montjuïc, en Barcelona. El paseo en barca finaliza con un concierto en directo a cargo de una orquesta de cámara que interpreta, entre otras, obras de Chopin, el famoso compositor y pianista que pasó un invierno en Mallorca, donde compuso algunas de sus piezas.

p. 41
Una inteligente iluminación resalta la espectacularidad de la cueva del Drach, en Manacor (Mallorca).

pp. 42-43
Las estalactitas son el resultado del goteo durante siglos del agua cargada de cal.

Macizo de Montserrat
(Barcelona)

La montaña sagrada de Cataluña se alza como un monumento natural aislado en el centro de la cordillera Prelitoral catalana, en la provincia de Barcelona. Su singular silueta en dientes de sierra, visible desde gran parte de la comunidad autónoma, ha dado nombre al macizo: «monte serrado» en catalán. Si bien su altura no es extraordinaria, pues su punto culminante es la Miranda de Sant Jeroni, a 1.236 metros, destaca espectacularmente entre las vecinas depresiones del Bages y de la cuenca del Llobregat. La geología ha creado extrañas formaciones prismáticas, muy redondeadas por los fenómenos erosivos, con paredes de una verticalidad vertiginosa –algunas de más de 500 m de desnivel–, que atraen a alpinistas de todo el mundo.

La montaña está rodeada de leyendas. La más popular atribuye a unos pastores el hallazgo en el año 880 de la imagen de la Virgen de Montserrat, por lo que en el siglo IX se creó una capilla para rendirle culto. Más tarde, la capilla, se convirtió en una abadía benedictina que, con los altibajos de la atribulada historia de España, ha llegado hasta nuestros días. La imagen de la Virgen de Montserrat, de estilo románico, llamada cariñosamente por sus fieles *La Moreneta*, es enteramente dorada, excepto sus manos y su rostro, ennegrecido por el humo de los cirios que a lo largo de los siglos han ido depositando los devotos.

La montaña de Montserrat con el tiempo se ha ido convirtiendo en un lugar de retiro para quienes han querido vivir intensamente la espiritualidad. Así, han sido numerosos los ermitaños que han elegido alguna cueva de la montaña para buscar a Dios. El más ilustre de ellos es, sin ninguna duda, san Ignacio de Loyola, que en 1522 pasó una temporada en el monasterio e hizo donación a la Virgen de sus ropas militares para adoptar el sayo monástico. En la actualidad, de las 12 ermitas de la montaña, sólo una, la de la Santa Creu, está ocupada por un anacoreta, el padre Basili.

Además de su dimensión religiosa, Montserrat es un centro de irradiación cultural. Su biblioteca custodia cientos de miles de volúmenes, entre ellos valiosos manuscritos e incunables. Su editorial, Publicacions de la Abadia de Montserrat, ha desempeñado un papel destacado en la supervivencia de la cultura catalana en tiempos difíciles. Es famosa su escolanía, el coro infantil –exclusivamente masculino–, el más antiguo de Europa, y también su interesante museo, con valiosas piezas egipcias y una espléndida colección de lienzos de impresionistas franceses y catalanes.

p. 45
Izquierda, el monasterio de Montserrat visto desde Sant Joan; derecha, las caprichosas formaciones orográficas que otorgan a la montaña sagrada catalana su aspecto de dientes de sierra.

pp. 46-47
Izquierda, vista del monasterio al pie de la cima de Montserrat; derecha, imagen de *La Moreneta*, la Virgen «negra» patrona de la Comunidad Autónoma de Cataluña.

Las Médulas
Carucedo (León)

Declaradas Patrimonio de la Humanidad por la Unesco, Las Médulas forman un paisaje arqueológico que, además de su extraordinaria belleza, resulta una preciosa fuente de información sobre las innovaciones tecnológicas de los romanos en la actividad minera. Están situadas en el municipio de Carucedo, en la comarca del Bierzo (León). Se trata de un yacimiento minero a cielo abierto en el cual un ejército entre 20.000 y 100.000 mineros estuvo extrayendo oro a partir del siglo I a.C. y durante más de dos siglos. Hay que explicar que, a diferencia de otras explotaciones mineras, como las de Gales, en Las Médulas no se utilizó mano de obra esclava, sino que se contrataron hombres libres. El sistema de explotación, descrito con todo detalle por Plinio el Viejo, era ciertamente singular. Se cavaban profundas galerías en las montañas, apuntalándolas. Cuando la montaña estaba totalmente horadada, se desviaban grandes cantidades de agua cargadas de troncos que, penetrando por dichas galerías, derribaban los puntales y desmoronaban el promontorio. A continuación, con las «tripas» de la montaña al aire libre, se filtraba el material a través de un entramado de retama, separando las piedras y acumulándolas en grandes montones. Hecho esto, se quemaba la retama y se extendían y lavaban las cenizas, con lo que afloraban las piezas más grandes de oro. Para recuperar también el oro en polvo, se mezclaban las cenizas con mercurio y se calentaba la amalgama resultante hasta 300°C, temperatura de evaporación del mercurio. Este sistema, que en la actualidad calificaríamos como un grave atentado al medio ambiente, dejó un paisaje lunar que, con el paso del tiempo, la erosión y la ausencia de actividades agrícolas o industriales, ha ido adquiriendo una belleza fascinante.

Para conseguir las ingentes masas de agua necesarias para la explotación, los romanos captaron las aguas de los montes Aquilanos mediante un complejo sistema hidráulico compuesto por canales (más de 300 km), en muchas ocasiones excavados en la roca, y por embalses. Para transportar el oro a Roma, los romanos construyeron también una extensa red de carreteras, lo que acabó de configurar (o de desfigurar, si se prefiere) el paisaje. Todo el oro extraído en las provincias imperiales pasaba a formar parte del patrimonio del emperador hasta tal punto que Vespasiano puso las minas bajo la responsabilidad directa de un procurador, al margen de la autoridad del gobernador de la provincia.

p. 49
Cuatro ejemplos del resultado de la antigua actividad minera a la que se ha añadido la secular acción erosiva meteorológica.

pp. 50-51
Vista aérea del tortuoso paisaje de Las Médulas, en León.

Valle del Jerte
(Cáceres)

Situado en el norte de la provincia de Cáceres, entre las estribaciones de la sierra de Gredos al sur, la sierra de Candelario al norte, la sierra de Tormantos al este y la de Tras la Sierra al oeste, el Valle del Jerte se extiende a lo largo del río homónimo en dirección noreste-suroeste. Esto crea un microclima particular que determina en gran medida su paisaje vegetal, en el cual dominan el castaño y la encina en las zonas no cultivadas y los frutales en los terrenos agrícolas. Aunque existen cultivos de frambuesa, de olivas o de higos, la cereza es sin ninguna duda la reina de la agricultura jerteña. El valle cuenta con más dos millones de cerezos, que no sólo crecen en las zonas deprimidas, sino que han ido ganando terreno por las laderas de la montaña a medida que los labradores han creado terrazas para nivelarlas. En primavera, desde el mirador del puerto de Tornavacas, que abarca la práctica totalidad del valle, la visión de los cerezos en flor adquiere una belleza que deja sin aliento al más insensible. La vida del valle gira en torno a este exquisito fruto hasta tal punto que se le ha dedicado, incluso, un museo, el Museo de la Cereza en la localidad de Cabezuela del Valle. A finales de marzo, coincidiendo con la floración, se celebra la Fiesta del Cerezo en Flor, con conciertos, representaciones teatrales, actividades infantiles y verbenas populares. Es como si el valle quisiera celebrar la belleza de la flor, que anuncia, además, la prosperidad que ha de proporcionar el fruto.

También es de gran belleza la arquitectura popular característica de los pueblos del valle. La construcción más frecuente es la casa de adobe, con entramados de madera de castaño, grandes balconadas de madera en las solanas y amplios soportales. En los pueblos serranos, las casas están construidas totalmente en piedra con las mínimas aperturas.

El viajero aficionado a la historia gozará visitando los restos de la calzada romana, sorprendentemente bien conservados, que comunicaban la comarca con la Vía de la Plata, o los innumerables puentes medievales que salvan los ríos de montaña. Si, por el contrario, se siente atraído por la naturaleza, los grandes bosques o las cascadas, podrá elegir entre la Reserva Natural de la Garganta de los Infiernos, la garganta de los Papúos, la de Nogaleas, con cinco hermosísimas cascadas, o la del Caozo. Por su parte, el viajero romántico sabrá valorar el paisaje otoñal, con la delicada paleta de cálidos colores de las hojas de los árboles que se hallan a punto de caer.

p. 53
La acción erosiva del agua ha creado grandes pozos y piscinas naturales en la garganta de los Infiernos, en el Valle del Jerte.

pp. 54-55
Impresionante panorámica de los cerezos del valle en su período de plena floración.

pueblos

Aranjuez
(Madrid)

Pocos lugares hay en España que ostenten con tantos méritos la denominación de «paisaje cultural», definida por la Unesco como «aquel que combina armónicamente el trabajo del hombre y la naturaleza». Desde que fue elegido por los Reyes Católicos como una de sus residencias de recreo, todos los monarcas han contribuido a convertir Aranjuez en lo que es hoy día: un pueblo que puede presumir de poseer uno de los conjuntos de palacios y jardines más hermoso de Europa. A los Reyes Católicos se deben las reformas de la primitiva Casa Palacio, antigua propiedad de la Orden de Santiago, así como la creación del llamado Jardín de la Reina. En el siglo XVI, Carlos I, gran aficionado a la caza, creó el Real Bosque y la Casa de Aranjuez. Sin embargo, Felipe II dio al Real Sitio un impulso decisivo. Además de los trabajos hidráulicos que permitieron la creación del Jardín de la Isla, el monarca hizo traer numerosas plantas de América para crear el primer jardín botánico de Europa y encargó la construcción del Palacio Real a los mismos arquitectos de El Escorial, Juan Bautista de Toledo y Juan de Herrera. No obstante, con la llegada de la dinastía borbónica al trono español, el Real Sitio quedó configurado definitivamente. Felipe V decidió convertir Aranjuez en la sede primaveral de la corte. Para ello derribó la antigua Casa de la Maestranza y amplió el Palacio Real. En 1750, Fernando VI aprovechó un incendio que devastó el palacio para reconstruirlo de nuevo al mismo tiempo que encargaba a Santiago Buenavía, su arquitecto de corte, el proyecto del pueblo de Aranjuez, lo que ha conferido a la población una unidad arquitectónica admirable. A él se debe también, entre otras, la magnífica iglesia de San Antonio. Siguiendo la tradición, sus sucesores también llevaron a cabo obras para embellecer el Real Sitio. Carlos III, el gran constructor, confió a Francisco Sabatini la construcción del convento de San Pascual Bailón, el hospital de San Carlos Borromeo, un nuevo hospicio y las dos alas del palacio. También emprendió cultivos experimentales, el Real Cortijo de San Isidro y el Campo Flamenco en la Dehesa de Otos. Carlos IV fue el último Borbón que embelleció Aranjuez. A él se deben los Chinescos, la Casa del Labrador, las Casa del Infante, el Palacio Godoy, el de los Duques de Medinaceli, así como la construcción de numerosas fuentes, estanques y canales. El visitante no debe marcharse de Aranjuez sin visitar el sorprendente Museo de Falúas Reales en el Jardín del Príncipe.

p. 59
Jardín del Parterre y calle del Príncipe vistos desde el Palacio Real de Aranjuez.

pp. 60-61
Izquierda, panorámica de la fachada principal del Palacio Real; a la derecha, interior del palacio: arriba, Sala de Porcelana o de Conversación; abajo, Salón del Trono.

Ronda
(Málaga)

La ciudad más taurina de España se asoma a ambos lados del Tajo de Ronda, una impresionante foz de 180 m de altura excavada por el curso del río Guadalevín. Ronda fue fundada por el general romano Escipión en el siglo II a.C. si bien no se consolidó como ciudad hasta la ocupación musulmana, debido en gran medida a las posibilidades defensivas que le confería la posición sobre el roquedal que domina el curso del río. Las huellas de la presencia musulmana resultan evidentes en el trazado de las calles del casco antiguo de la urbe, que se extiende al sur del Tajo de Ronda. La antigua medina quedaba así protegida de forma natural por dicho tajo y de forma artificial por las potentes murallas que la ceñían, más o menos modificadas a lo largo de los siglos. Del recinto subsisten todavía importantes vestigios, algunos lienzos de la fortificación: las murallas y las puertas de la Cíjara, las de la Albacara, así como la imponente puerta de Almocábar (siglo XIII) o las puertas de Cristo y del Viento. Otros vestigios musulmanes son la casa del Gigante, una lujosa mansión nazarí construida en los siglos XIV y XV, el alminar de San Sebastián, un antiguo minarete reconvertido en campanario, unos interesantes baños árabes, el antiguo puente de San Miguel y las ruinas de la alcazaba árabe. Después de la conquista por parte de los Reyes Católicos en 1485, la ciudad vivió un importante crecimiento si bien sus monumentos más representativos son del siglo XVIII: el espectacular puente Nuevo con sus 98 m de altura y, sobre todo, la plaza de toros más antigua de España. Anualmente se celebra en ella, a finales de agosto, la Feria de Pedro Romero. Las corridas goyescas de la Feria son un espléndido espectáculo con todos los participantes vestidos tal y como aparecen los personajes en los cuadros de Goya.

La ciudad alberga edificios religiosos de gran belleza: las iglesias de Padre Jesús (siglo XVI), de Santa María (siglos XIV-XVII), del Espíritu Santo (siglo XV), la del convento de la Merced (siglo XVI), el curioso templete de la Virgen de los Dolores (siglo XVIII) o el convento de Santo Domingo (siglo XVI). El visitante no puede despedirse de la ciudad sin pasear por el casco antiguo para descubrir, deslumbrado, sus callejuelas, sus plazoletas y sus palacios añejos, como el del marqués de Salvatierra (siglos XVII y XVIII), el de Moctezuma (siglo XIX) o el de Mondragón, construido y modificado durante los siglos XVI-XVIII sobre el antiguo castillo del rey árabe Abdel Malik.

p. 63
Izquierda, de arriba abajo: el puente Viejo sobre el río Guadalevín; vista de Ronda encaramada en los riscos de la serranía; la típica arquitectura andaluza, con las paredes blancas y las cubiertas de teja. Derecha, el cañón conocido como el Tajo de Ronda con la ciudad al fondo en lo alto; plaza de toros de Ronda, la más antigua de España.

pp. 64-65
La ciudad sobre el Tajo de Ronda. A la izquierda, el puente Viejo.

Albarracín
(Teruel)

Situado sobre un espectacular monte, prácticamente rodeado por el curso del Guadalaviar, Albarracín es una auténtica fortaleza natural, defendida en sus cuatro quintas partes por impresionantes farallones y presidida por la torre del Andador (siglo x). El lugar ha estado ocupado desde la Prehistoria y, por su gran interés defensivo, siempre fue codiciado por sus poderosos vecinos.

A diferencia de tantas otras poblaciones españolas, Albarracín no derribó sus murallas cuando perdieron su función defensiva o la presión demográfica obligó a ampliar su perímetro. La antigua muralla musulmana del siglo x, cuidadosamente conservada y restaurada por sus sucesivos ocupantes, se conserva íntegramente y ciñe con sus muros el casco antiguo de la localidad, un auténtico museo de arquitectura medieval. En efecto, en Albarracín lo más interesante no son los grandes monumentos o las plazas espectaculares, sino lo recoleto de sus calles antiguas y, sobre todo, la belleza de sus casas medievales, construidas con el rojizo yeso local amasado y reforzado con entramados de madera. La falta de espacio dentro del recinto amurallado llevó a cierto amontonamiento de las viviendas, sin apenas plazas y con estrechas calles flanqueadas por soportales que permiten ganar espacio para los edificios sin obstaculizar la circulación de viandantes. Cada casa sorprenderá al visitante con sus primorosos detalles. Albarracín alberga una larga tradición de trabajos de forja y esto se refleja en la decoración de las viviendas: rejas de las ventanas, picaportes, aldabas; también la artesanía de madera está muy presente en la arquitectura local, en las ventanas, en las celosías trabajadas con preciosismo, en los aleros en saledizo y en las puertas labradas... Con acertado criterio, el Ayuntamiento vigila muy de cerca cualquier obra de reforma para conservar intacto el tesoro más preciado de la población: su riquísima y armónica arquitectura popular.

Esta localidad turolense también cuenta con algunos monumentos notables: la catedral de San Salvador, del siglo xvi, sustituye a una antigua construcción románica; lo mismo sucede con la iglesia de Santa María, levantada, a su vez, en el emplazamiento de la antigua mezquita; el Ayuntamiento, situado en la magnífica Plaza Mayor, es una hermosa construcción porticada del siglo xvii; mención aparte merecen las magníficas mansiones señoriales que salpican Albarracín, como la de los Dolz de Espejo (siglo xv), la de los Monterde (siglo xvii), la de la Brigadiera (siglo xvi) o la de los Navarro de Arzuriaga (siglo xvii).

p. 67
Arriba, el imponente aspecto de las fortificaciones de Albarracín; abajo, a la izquierda, las casas de la localidad, al borde del precipicio, y la Plaza Mayor; a la derecha, un hermoso palacio medieval.

pp. 68-69
Vista panorámica de la localidad turolense de Albarracín, en la que se aprecia su magnífica posición estratégica.

Santillana del Mar
(Cantabria)

Si el atractivo de algunas poblaciones españolas radica en la belleza de su arquitectura popular, Santillana del Mar seduce esencialmente por su señorío. Conocida como la «ciudad de las tres mentiras» (no es santa, ni llana, ni tiene mar), Santillana creció alrededor de la colegiata de Santa Juliana, donde se custodiaban las reliquias de la santa que dio su nombre al monasterio y a la propia localidad. Gracias a dichas reliquias, Santillana se convirtió en un próspero destino de peregrinación en la época en que la dominación musulmana en gran parte de la península Ibérica obligaba a los peregrinos jacobeos a tomar el llamado camino del Norte, a lo largo de la cornisa cantábrica. Precisamente estos peregrinos introdujeron el románico francés, estilo en que en el siglo XII se construyó la colegiata, sin duda alguna, uno de los monumentos románicos más hermosos y espectaculares de España. Destacan su hermoso claustro, con la rica decoración escultórica de sus capiteles, y su iglesia de tres naves y crucero, con un espléndido triple ábside. Otro polo de interés de la población es su Plaza Mayor o plaza de Ramón Pelayo, presidida por el Ayuntamiento, de estilo barroco. A su alrededor se emplazan una serie de notables edificios civiles. El más antiguo de ellos es la torre del Merino (del siglo XIV), la vivienda fortificada del representante de los soberanos (y recaudador de impuestos) en la población, cuya presencia facilitó la construcción de otras mansiones de la nobleza local. Del siglo XIV es también la torre de Don Borja, actualmente sede de la Fundación Santillana, y algo más modernas las casas del Águila (siglo XVI) y la Parra (siglo XVII), que albergan la Colección Norte de Arte Contemporáneo, y la mansión de los Barreda-Bracho (siglo XVIII), reconvertida en un parador nacional. Un último núcleo alrededor del cual se estructuró Santillana del Mar es la zona de los conventos de San Ildefonso (siglo XVII) y de Regina Coeli (siglo XVII), que alberga en la actualidad el Museo Diocesano.

Sin embargo, el atractivo de Santillana no sólo radica en sus monumentos, sino también, y sobre todo, en el encanto de sus calles empedradas, por las cuales el visitante paseará sin prisas, contemplando las magníficas fachadas de las casonas blasonadas de los siglos XVII y XVIII en un entorno urbano medieval en que parece que se haya detenido el tiempo.

Una visita imprescindible: a 3 km del centro se encuentra la cueva de Altamira, la «capilla sixtina» del arte rupestre, de la cual puede visitarse una fidelísima reproducción.

p. 71
Arriba, una plaza empedrada rodeada de edificios medievales; abajo: izquierda, una de las callejuelas de la localidad con la colegiata de Santa Juliana al fondo; a la derecha, claustro románico de la colegiata.

pp. 72-73
Vista panorámica de la fachada principal de la colegiata de Santa Juliana, en Santillana del Mar.

Combarro
(Pontevedra)

Auténtica antología de la arquitectura popular de Galicia, Combarro es uno de los pueblos más hermosos y mejor conservados de esta región. Hay pueblos con casco antiguo, pero pocos pueden presumir de «ser» un casco antiguo. La población no posee grandes monumentos. Su encanto radica en el conjunto de construcciones, en sus callejuelas. Combarro está construido sobre un pequeño promontorio granítico que abraza la pequeña ensenada de Campelo. Por el afán de aprovechar las tierras fértiles que la rodean para la agricultura, probablemente, los primeros habitantes se decidieron a levantar sus viviendas en este estéril terreno rocoso. El pueblo tiene tres tipos de construcciones de arquitectura popular gallega. El hórreo, la más característica, es un edificio rectangular, sostenido por cuatro o más pilares de piedra, con paredes dotadas de aperturas para una correcta ventilación y un tejado a dos aguas rematados en ambos extremos por cruces de piedra. Su función es almacenar el grano y protegerlo de la humedad y de los roedores, si bien en Combarro también se ha adaptado a la actividad marinera y se utiliza para guardar las artes de pesca y para secar boquerones, sardinas y otros pescados. En Combarro llaman al hórreo *palleira,* con referencia a la paja que antaño cubría el tejado. El pueblo atesora treinta hórreos, construidos en su mayoría en el siglo XVIII.

Las casas del pueblo también son muy características. Son de pequeñas dimensiones, dada la falta de espacio en la base granítica sobre la cual se asienta toda la población. Fueron construidas entre los siglos XVII y XVIII, en piedra, con grandes balconadas en la solana. Se apiñan en la línea de costa, en las estrechas calles porticadas de la localidad.

El tercer ejemplo de arquitectura popular gallega es el *cruceiro*. Se trata de una columna de piedra, a veces, sostenida en un zócalo labrado, que sirve de base a una imagen religiosa, por lo general, un crucifijo. Decía Alfonso Castelao que «onde hai un cruceiro houbo un pecado». Seis pecados se han hecho perdonar los habitantes de Combarro, tantos como los *cruceiros* que se alzaron en la aldea entre los siglos XVII y XIX.

El viajero curioso recorrerá tranquilamente las calles del pueblo, contemplando la belleza de sus calles recoletas que, parafraseando a Jorge Manrique, «van a dar en la mar», que en este caso no es el morir, sino al contrario, fuente de alimento y vida.

p. 75
Arriba, el puerto de Combarro, con los muelles y el espigón; abajo: izquierda, uno de los característicos hórreos; a la derecha, dos típicos *cruceiros.*

pp. 76-77
El pueblo gallego de Combarro está literalmente volcado al mar.

Ciutadella
(Menorca)

Quien tuvo, retuvo. La antigua capital de Menorca, sede del obispado y residencia de la nobleza isleña, respira serenidad y elegancia en el entramado de sus calles medievales. El casco antiguo de Ciutadella, la *ciutat,* está situado sobre un acantilado en la orilla izquierda de un pequeño puerto natural. El trazado del casco viejo corresponde a la ciudad medieval intramuros, si bien quedan pocas construcciones de aquella época ya que en 1558, el «año de la desgracia», 15.000 piratas turcos al mando de Mustafá Piali arrasaron la urbe, hasta el punto que no quedó ni un solo edificio habitable. A consecuencia de ello, los principales monumentos tuvieron que ser restaurados o reconstruidos totalmente. A primera vista, el visitante observará dos tipos de edificios en Ciutadella: los que están encalados y reflejan un blanco cegador y los que muestran los sillares de marés, una piedra caliza local que, con el tiempo, va adquiriendo un delicado color rosado. Dos plazas articulan la ciudad medieval: la plaza de la Catedral, o Plaça Vella, y la plaza d'es Born. Esta última, la antigua plaza de Armas, está rodeada de palacios, como el de Salort (siglo XIX), el Ayuntamiento, llamado La Sala (siglo XX), pero sobre todo el de Torre Saura, un majestuoso palacio neoclásico construido en el siglo XIX. Fuera de la plaza, pero ocupando, junto con el palacio de Torre Saura, la manzana entre las plazas d'es Born y de la Catedral, se alza la casa Olivar (siglo XVII), un elegante edificio con fachada neoclásica (siglo XVIII). Uno de los lados de la plaza está abierto y constituye un hermoso mirador sobre el puerto. En cuanto a la catedral de Santa María, fue construida en el siglo XIV en estilo gótico catalán en el emplazamiento de la antigua mezquita mayor, de la cual conservó la base del minarete para afianzar el campanario. Fue muy dañada por el ataque de los piratas turcos y ha precisado numerosas restauraciones, la última en el siglo XIX. De la plaza de la catedral parte Ses Voltes (las arcadas), una preciosa calle porticada, muy corta y estrecha, que constituye el centro comercial más activo de la localidad. Otros monumentos de interés en Ciutadella son la iglesia del Socors, un hermoso edificio renacentista (siglo XVII), la iglesia de Sant Francesc (siglo XVII), de transición gótico-neoclásico, la iglesia del Roser (siglo XVII), con su bonita fachada barroca, y el palacio del Baró de Lluriach (siglo XVII), que es la mansión aristocrática más antigua de Menorca.

p. 79
Arriba izquierda, fiestas de Sant Joan, en la plaza d'es Born; abajo izquierda, la Plaça Nova. Arriba derecha, la torre de Sant Nicolau; abajo, la catedral de la diócesis.

pp. 80-81
El bonito puerto natural de Ciutadella, centro de la vida nocturna de la localidad menorquina.

JUMBO

Café Balear
A 150 MTS

Cadaqués
(Girona)

Cadaqués es un pueblo con clara vocación marinera. Tal vez, la naturaleza no le ha dejado otra opción. En efecto, la localidad está situada en la ladera de la sierra de Pení, que la protege de la tramontana, y abraza la bahía de Cadaqués, que constituye el mayor puerto natural de Cataluña. Todo allí está orientado hacia el mar y, de hecho, hasta finales del siglo XIX el pueblo no tuvo una carretera digna de tal nombre que la comunicara con las poblaciones más al interior. Probablemente, esta dificultad en las comunicaciones haya tenido la feliz consecuencia de protegerlo de la presión urbanística a la cual el turismo de masas ha sometido a otros rincones de la antaño paradisíaca Costa Brava.

La paleta de colores que muestra el paisaje de Cadaqués es muy característica. Va del gris plomizo de la pizarra de la circundante sierra de Pení, matizado por las manchas blancas de los olivos y de los matorrales mediterráneos, hasta el blanco cegador de sus fachadas encaladas, y el azul del mar, que aparece, indefectiblemente, al final de cada callejuela, de un cobalto inquietantemente hermoso cuando sopla la tramontana.

El casco antiguo de Cadaqués está formado por una red de callejuelas empedradas que bajan hasta el mar desde la iglesia parroquial de Santa María (siglo XV), que corona el característico perfil del pueblo y en cuyo interior se celebra el mundialmente famoso Festival de Música de Cadaqués. En la Edad Media, la localidad estuvo ceñida por una muralla de la cual sólo queda una torre, Es Baluard. La arquitectura de las casas es muy ecléctica, desde las típicas viviendas de pescadores hasta alguna mansión modernista construida por indianos o modernas casas diseñadas por prestigiosos arquitectos catalanes (Milá, Coderch, Tusquets, Clotet, Correa, etc.) que se han mostrado muy respetuosos con el estilo autóctono.

Los hermanos Ramon y Ricard Pitxot, pintor y violoncelista, respectivamente, y más tarde Salvador Dalí, atrajeron a muchas celebridades a Cadaqués. La lista de visitantes ilustres sería interminable. Baste citar a pintores como el propio Dalí, Pablo Picasso, Joan Miró, Marcel Duchamp, Dieter Roth, Antoni Pitxot; a escritores como Federico García Lorca, Paul Éluard, Thomas Mann o André Breton, o a fotógrafos como Man Ray, Català Roca o Toni Catany. Este desfile de genialidades ha dejado su huella en el pueblo, que cuenta con numerosas galerías de arte y varios museos, entre los cuales destaca la casa-museo de Dalí en Port-Lligat.

p. 83
Arriba izquierda, vista aérea de la bahía de Cadaqués; derecha, la población vista desde el interior. Abajo, casa Serinyana, llamada casa Blava (casa Azul); derecha, calle típica.

pp. 84-85
Platja Gran de Cadaqués presidida por la iglesia de Santa María.

6

ATZUR

PEPA

Morella
(Castellón)

El visitante que se acerca a Morella se ve sorprendido por su espectacular perfil: un impresionante castillo en la cima de un cerro truncado preside un recinto amurallado y la mole de alguna iglesia sobresale por encima de los tejados. A lo largo de los siglos, la localidad, situada en una posición estratégica, ha visto pasar por sus calles a griegos, cartagineses, romanos, visigodos, musulmanes y aragoneses, a las tropas francocastellanas de Felipe V, al ejército de Napoléon y a carlistas y liberales.

Morella se extiende al pie de la fortaleza, con una forma de media luna, sobre una de las laderas del montículo. Sus calles se organizan, pues, de la cima al pie de la colina, en fuerte pendiente, a menudo con escalinatas, o bien perpendiculares, bordeando la ladera y siguiendo siempre el mismo nivel. Es especialmente hermosa la calle de Balasc d'Alagó, con numerosas casas blasonadas y porticadas, entre las cuales destacan el edificio gótico del Ayuntamiento (siglo XIV), los palacios del cardenal Ram (siglo XVI), actualmente convertido en hotel, el del marqués de Cruïlles (siglo XVI), el de Piquer (siglo XVI) o la casa Ciurana (siglo XIV).

La iglesia de Santa María la Mayor, iniciada en el siglo XIII, es, sin duda alguna, el templo gótico más hermoso de la Comunidad Valenciana. Cabe destacar en su interior un extraordinario coro aislado, sostenido por cuatro columnas, del siglo XV, y los dos pórticos, el de los Apóstoles y el de la Virgen, con una excepcional decoración escultórica gótica. La muralla de la población, construida en el siglo XIV por Pedro III de Aragón, tiene un perímetro de 2.500 m. Está fortificada con 14 torres y sus puertas principales son la de Sant Mateu, Sant Miquel y los portales dels Estudis, del Rei y de Forcall. No obstante, el elemento defensivo más impresionante de Morella es el castillo. En su emplazamiento han sido hallados vestigios de ocupación humana de época prehistórica y se sabe de su importancia en la época romana. De hecho, la cisterna que suministró agua al castillo hasta el siglo XIX corresponde a dicha época. La fortaleza actual fue construida en época islámica, si bien desde entonces ha sido objeto de constantes remodelaciones hasta entrado el siglo XIX cuando, siendo cuartel general del caudillo carlista a Ramón Cabrera, fue bombardeada sistemáticamente por las tropas de Baldomero Espartero, que hicieron blanco en el polvorín y provocaron una gran destrucción. Hoy día se entra al castillo por el claustro del convento gótico de San Francisco (siglos XIII-XIV), del cual subsisten asimismo, la iglesia y una hermosa sala capitular decorada con interesantes frescos del siglo XV.

p. 87
Arriba, vista panorámica de la localidad castellonense, con la impresionante mole de las fortificaciones; abajo: izquierda, arquitectura típica de Morella; derecha, iglesia de Santa María la Mayor.

pp. 88-89
Las posibilidades defensivas de Morella determinaron su atormentada historia.

Guadix
(Granada)

Bastantes kilómetros antes de su llegada, el viajero quedará impresionado por la silueta de la alcazaba y las murallas árabes (siglos x y xi) que dominan Guadix y le imprimen carácter. La ocupación humana de este lugar está documentada desde el paleolítico y todas las civilizaciones que han pasado por la península Ibérica han dejado su impronta para bien o para mal.

Los romanos le dieron a Guadix el carácter urbano cuando en 45 a.C. Julio César fundó la colonia Julia Gemela Acci, donde se establecieron los legionarios veteranos de las legiones Secunda y Prima Vernacula. Durante la época visigoda, la ciudad vivió momentos de esplendor, pues fue uno de los obispados más importantes de España. Sin embargo, la ocupación musulmana configuró el actual núcleo histórico de la urbe, el actual barrio del Sagrario, que concentra la mayoría de monumentos antiguos, tanto civiles como religiosos. Situado en un pequeño cerro dominado por la alcazaba y las murallas, todavía conserva el trazado del antiguo núcleo musulmán, con sus callejuelas estrechas y zigzagueantes, sus plazas recoletas y sus huertos urbanos. Hasta el siglo xix, el barrio del Sagrario estuvo rodeado por una muralla. Quedan algunos vestigios de ella en el Almorejo y en el torreón del Ferro, pero sobre todo en el callejero de la ciudad, que ha conservado su memoria con topónimos, como Puerta Alta, Puerta de Granada o Puerta de Baza. Los principales monumentos de Guadix se encuentran en este barrio: Plaza Mayor porticada (siglo xvi, remodelada posteriormente); la catedral, un hermoso templo que mezcla los estilos gótico, renacentista y barroco, o el convento de la Concepción, del siglo xvi.

No obstante, la existencia de un tipo de urbanismo insólito, las viviendas trogloditas, distingue a Guadix de cualquier otra ciudad española. En efecto, en la periferia urbana, ocupando un arco este-sur-oeste, aparece un paisaje singular. Las laderas de las colinas están horadadas por cuevas con las ventanas y puertas enjalbegadas y protegidas por rejas negras; surgen del suelo chimeneas de un blanco deslumbrante y la montaña entera es un termitero a escala humana. En el interior de las cuevas, la temperatura se mantiene constante, entre los 18 y los 20 °C, tanto en verano como en invierno. Las famosas cuevas de Guadix, algunas de las cuales están habilitadas en la actualidad como alojamiento turístico, fueron excavadas por los moriscos expulsados de la ciudad después de la conquista de los Reyes Católicos.

p. 91
Vista general de la ciudad y las típicas chimeneas que emergen del suelo rocoso.

pp. 92-93
Panorámica de la ciudad troglodita.

patrimonio

Basílica de la Sagrada Familia
Barcelona

En la más pura tradición de las catedrales medievales, la construcción de la Sagrada Familia se habrá extendido a lo largo de tres siglos. En efecto, las obras del templo fueron encargadas en el año 1877 al arquitecto diocesano don Francisco de Paula del Villar, a quien sucedió Antoni Gaudí en 1883, y todavía no estaban acabadas cuando la consagró como basílica Benedicto XVI el 7 de noviembre de 2010. También como las catedrales góticas, muchas personas han dedicado prácticamente toda su vida profesional al templo, en su inmensa mayoría sin ninguna esperanza de verlo acabado. Canteros, ceramistas, escultores, vidrieros, carpinteros, herreros, maquetistas y arquitectos, todos ellos han caído bajo el hechizo de esta oración hecha piedra y han dedicado los mejores años de sus vidas a materializar el proyecto del genial arquitecto modernista.

En palabras de Benedicto XVI, «Gaudí quiso unir la inspiración que le llegaba de los tres grandes libros en los que se alimentaba como hombre, como creyente y como arquitecto: el libro de la naturaleza, los libros de las Sagradas Escrituras y el libro de la Liturgia». El elemento natural aparece de forma general en el uso genial (y funcional) de las líneas curvas o inclinadas, incluso en los elementos de carga. También es fácil percibirlo en la estructura arbórea del sistema de columnas que sostienen la cubierta de la nave recién dedicada. Los libros de las Sagradas Escrituras están omnipresentes, pero los representa de forma magnífica el conjunto escultórico de sus fachadas, tanto la del Nacimiento, diseñado personalmente por Gaudí, como la de la Pasión, obra contemporánea, bastante controvertida, del escultor Josep Maria Subirats. En cuanto a la liturgia, Gaudí concibió esencialmente la Sagrada Familia como un amplio espacio donde se iban a celebrar los oficios religiosos: «la iglesia –decía– se sirve de todas las artes, tanto las del espacio (arquitectura, escultura, pintura, orfebrería) como las del ritmo (poesía, cánticos, música). La liturgia nos da lecciones de la más depurada estética». El aspecto litúrgico está presente no sólo en la decoración interior del templo, sino también en detalles ornamentales exteriores, como las cintas pétreas con la inscripción *Sanctus, Sanctus, Sanctus* que rodean lo alto de las torres. Según Gaudí, estas cintas debían ser, como el conjunto del exterior del edificio, una llamada a las personas que pasaban por la calle, una invitación a levantar la vista al cielo y a participar en las celebraciones litúrgicas para mayor gloria del Señor.

p. 97
Vista parcial de la fachada del Nacimiento de la Sagrada Familia.
© Templo Expiatorio de la Sagrada Familia.

pp. 98-99
Nave de la basílica. © Templo Expiatorio de la Sagrada Familia.

Catedral de Santa María
León

El gótico, al igual que el estilo arquitectónico que lo precedió, el románico, penetró en la península Ibérica por el Camino de Santiago. Fueron franceses muchos de los arquitectos que concibieron las catedrales españolas y, en múltiples ocasiones, antes de emprender su edificación, sus responsables se dirigían a Francia para visitar las catedrales recién construidas o en pleno proceso de construcción. Pues bien, comentan los estudiosos que la catedral de Santa María de León es la más francesa de las catedrales europeas. La mayoría de templos góticos españoles o bien son de transición, con los bajos de los edificios en estilo románico y el remate de arcos y bóvedas de formas apuntadas, o bien han sufrido innumerables modificaciones a lo largo de la historia hasta el punto que es difícil, en muchas ocasiones, percibir la estructura gótica bajo la envoltura barroca o plateresca. No sucede lo mismo con la catedral de León. Se planteó, desde el principio, como un templo gótico, se construyó con mucha rapidez y no le han sido añadidos elementos posteriores. Lo único que se sabe de su arquitecto es que se llamaba Enrique y que, en el momento de su muerte, en 1277, participaba en la construcción de la catedral de Burgos. Por los detalles arquitectónicos de Santa María, puede afirmarse que el maestro Enrique, si no era galo, como mínimo, conocía muy bien algunas catedrales del país vecino, como las de Chartres, Amiens y Reims.

La gran revolución arquitectónica del gótico consiste en el uso del arco ojival y la bóveda de crucería, que desviaron la carga a las columnas y liberaron a las paredes de dicha función. Ello permitió abrir grandes ventanales en los muros, unas aberturas que fueron utilizadas para crear vidrieras multicolores que, además de representar escenas de la Historia Sagrada o de vidas de los santos, iluminaba el templo con un aura muy propicia a la meditación y a la exaltación religiosa. Las vidrieras de la catedral de León se encuentran entre las más bellas de España y son comparables a las de Chartres. En España no existía tradición en este ámbito. Por ello y por detalles técnicos, se ha atribuido su autoría a algún taller francés, probablemente el mismo que realizó las de la catedral de Amiens. Las vidrieras fueron restauradas en el siglo XIX, en una intervención no demasiado acertada, puesto que se aprovecharon fragmentos de algunas para reparar otras y se cambiaron de lugar unas cuantas, con lo que el discurso narrativo de las vidrieras ha quedado parcialmente alterado.

p. 101
La pureza de las líneas góticas de la catedral de León en todo su esplendor.

p. 102-103
Izquierda, las bóvedas de crucería permitieron liberar los muros de la función de carga y abrir multicolores vidrieras; derecha, la luminosidad y la altura de la nave central son una auténtica llamada al recogimiento y la oración.

San Juan de la Peña
Santa Cruz de la Serós (Huesca)

Lo tiene todo para sorprender, todo para enamorar. Situado en la sierra que le da nombre, un paraje natural de gran belleza, representativo de los ecosistemas aragoneses de media montaña, el monasterio de San Juan de la Peña remonta su historia al siglo IX. Fue fundado por el conde de Aragón Galindo Aznárez II en el año 920 en un lugar donde, según cuenta la tradición, se habían refugiado numerosos eremitas para vivir su fe cuando la península Ibérica fue invadida por los sarracenos. El monasterio está considerado la cuna del reino de Aragón. De hecho, durante un tiempo fue el panteón de los monarcas aragoneses si bien éste quedó oculto bajo el nuevo Panteón Real que mandó construir Carlos III en el siglo XVIII. El conjunto tiene otro monumento funerario, románico éste, destinado a la nobleza aragonesa: el Panteón de Nobles, cuyos restos descansan en unos hermosos sarcófagos empotrados, con falsos arcos decorados con los blasones del difunto y con el típico ajedrezado de Jaca.

La singularidad del conjunto monástico radica en su ubicación, bajo una inmensa roca en saledizo que parece que quiera aplastarlo y que, por el contrario, forma su tejado natural. Del primitivo cenobio sólo queda la llamada iglesia «baja», de estilo visigótico-mozárabe, que consta de dos naves con sus respectivos ábsides, ambos decorados con pinturas murales de la época. Fue la primera iglesia de todo el territorio peninsular donde, en el año 971, se celebró una misa según el rito romano, impuesto por el papa Alejandro II, en sustitución del tradicional rito hispano-visigodo. Al mismo nivel se encuentra la sala de los Concilios, construida en el siglo XI. Sobre el templo mozárabe, Sancho Ramírez construyó en el siglo XI la iglesia alta de San Juan, de una sola nave, que se estrecha en un extremo y con tres ábsides pegados a la roca que cubre el templo.

El conjunto también alberga dos capillas, la de San Victorián y la de San Voto. La primera fue construida en el siglo XV y es un hermoso ejemplo de gótico florido aragonés; la segunda fue erigida en el siglo XVII en estilo neoclásico.

No obstante, el espléndido claustro románico es, sin ninguna duda, la dependencia más impresionante del cenobio. Fue construido en el siglo XII bajo la roca y constituye un auténtico tesoro escultórico. Una parte de sus capiteles, de autor anónimo, datan del siglo XI si bien los más hermosos son los del siglo XII, obra del llamado Maestro de San Juan de la Peña o Maestro de Agüero, que representan escenas bíblicas con gran fuerza expresiva.

p. 105
Arriba, la mole rocosa parece querer aplastar el conjunto monástico; abajo, triple ábside de la cabecera de la iglesia alta y capitel que representa a los Reyes Magos en su visita a Herodes.

pp. 106-107
Vista general del conjunto monástico bajo la amenazante peña.

Teatro romano
Mérida

Fundada en el año 25 a.C. por el emperador Augusto para los veteranos de las legiones V y X, la colonia romana de Emerita Augusta pronto se convirtió en capital de la provincia de Lusitania y, como tal, fue dotada de los grandes edificios públicos característicos de las ciudades romanas con dicho rango. Sin ninguna duda, el más espectacular de todos es el teatro romano, una auténtica joya arquitectónica, tal vez el monumento romano más bello de España. El teatro fue una donación del general Marco Agripa en el año 15 a.C. si bien fue objeto de modificaciones y restauraciones en los siglos I y IV d.C. También fue utilizado como viviendas durante el Bajo Imperio e, incluso, estuvo cubierto de tierra y fue utilizado como campo de cultivo hasta la década de 1960; de hecho, debe el aspecto que tiene en la actualidad a las excavaciones y restauraciones de dicha década. Las representaciones teatrales eran financiadas por los ediles para ganarse las simpatías del pueblo, que podía asistir a las funciones gratuitamente. El teatro romano había perdido el sentido religioso que había tenido en Grecia y esto se refleja en su estructura, especialmente en la *orchestra*, la parte junto al escenario, que en Grecia era circular y tenía un altar, mientras que en los teatros romanos era semicircular y estaba reservada a las máximas autoridades de la ciudad. En el teatro de Mérida, la *orchestra* mide 30 m de diámetro (por 96 m del total del teatro). El graderío, con un aforo de 6.000 espectadores, se apoya en parte en el cerro de San Albín y, en parte, en una estructura abovedada. Las gradas estaban divididas en tres niveles separados por amplios espacios: las *ima*, *media* y *summa cavea*, es decir, la grada baja, media y alta, que reflejaban la estratificación social de la urbe. Obviamente, la grada baja, la más cercana al escenario, estaba reservada a las clases acomodadas. El escenario es, sin duda alguna, la parte más impresionante del conjunto. Mide 60 m de longitud por 7 m de anchura y se eleva 2 m por encima del coro. Tiene como fondo una fachada de dos pisos con columnas corintias, con una altura total de 13 m. Entre las columnas había, en época romana, estatuas de dioses y de emperadores divinizados.

Desde la década de 1960, cada año se celebra en Mérida el prestigioso Festival de Teatro Clásico, una auténtica referencia en todo el mundo. Han pasado por su escenario figuras de tanta notoriedad como Margarita Xirgu, Paco Rabal, Adolfo Marsillach, Fernando Guillén, Julieta Serrano, Manuel Gallardo o Nuria Espert.

p.109
Fastuoso frente del escenario del teatro, con sus dos pisos sostenidos por columnas de mármol.

pp. 110-111
Vista panorámica del escenario y la *orchestra* del teatro de Mérida.

Acueducto romano
Segovia

Es, sin ninguna duda, el monumento más emblemático de la ciudad y una de las mayores obras de ingeniería civil del Imperio romano. El acueducto de Segovia forma parte del sistema hidráulico que captaba el agua de Riofrío, en la sierra de Guadarrama, a 17 km de la urbe, y lo conducía hasta la colina sobre la cual se asentaba el núcleo romano. El primer tramo es un canal de 30 cm de ancho por 30 de profundidad, que discurre a cielo abierto. A partir del bosque de Balsaín, el canal queda enterrado hasta un primer filtro de arena, llamado *turris aquæ*, protegido por una torre, la Casa de Piedra, añadida en el siglo XVI. Desde allí fluye sobre un murete, hasta un segundo desarenador, muy parecido al primero. En este punto comienza el tramo del acueducto cuya imagen asocia todo el mundo con la ciudad de Segovia. Tiene una extensión de 958 m y una altura máxima de 28. Consta de 167 arcos de medio punto de 4,50 m de luz, sostenidos por pilares. En la parte más alta, estos arcos están organizados en dos niveles. Remata el conjunto un ático por donde discurre el canal para la circulación del agua. Tanto los pilares como los arcos están construidos sin cemento, simplemente con piedras talladas a medida. A partir del Postigo del Consuelo desaparecen los arcos, pero el canal continúa hasta el alcázar, pasando antes por el desarenador de la Plaza Mayor, desde donde en la Edad Media se distribuía al agua por diversos barrios de la ciudad. En el tramo de la plaza del Azoguejo, el acueducto presenta dos hornacinas que en época romana debieron de contener las estatuas de alguna divinidad o de algún emperador divinizado.

Es difícil saber a ciencia cierta la fecha en que fue construido el acueducto aunque los expertos lo sitúan en el siglo I de nuestra era. Existe una placa en el pilar central en la que ha sido posible rescatar las huellas de las letras de bronce desaparecidas, pero no indica la fecha de construcción, sino la de una restauración llevada a cabo por los ediles de la ciudad en el año 98 d.C. Esto implica que el acueducto llevaba años funcionando, puesto que ya necesitaba obras de rehabilitación.

En el año 1072 fueron dañados 36 de sus arcos en el ataque del rey musulmán de Toledo, Al-Mamún. El acueducto no fue restaurado hasta que en el siglo XV los Reyes Católicos encargaron las obras a fray Juan de Escobedo. En la actualidad está siendo objeto de una radical restauración para salvar los sillares milenarios de las agresiones de la contaminación.

p. 113
El acueducto de Segovia cruza la ciudad a lo largo de 958 m.

pp. 114-115
Vista nocturna del acueducto, una de las mayores obras de arquitectura civil romana que subsisten en el mundo.

Real Sitio de San Lorenzo de El Escorial
(Madrid)

El 10 de agosto de 1557, festividad de San Lorenzo, los tercios del monarca español Felipe II derrotaban al ejército francés en la decisiva batalla entablada cerca de la ciudad de San Quintín. Para conmemorar la victoria, el soberano quiso construir un gran monasterio bajo el patronazgo del santo. El conjunto arquitectónico debía cumplir tres funciones: cenobio de la orden de los jerónimos (actualmente lo ocupan los agustinos), residencia de Felipe II y panteón real. Para ello, el monarca adquirió en los montes Carpetanos, en la sierra de Guadarrama, una gran extensión de terreno que incluía la Herrería, la Fresneda, el Campillo, Monesterio y El Escorial. La primera piedra del monasterio se colocó el 9 de mayo de 1563, según el proyecto de su primer arquitecto, Juan Bautista de Toledo. Cuatro años más tarde, cuando éste murió en 1567, con gran parte del monasterio ya construido, le sucedió en la dirección de las obras Giovanni Battista Castello, *el Bergamasco*, que murió dos años más tarde, en 1569. Juan de Herrera, quien había trabajado en Florencia y Roma, en aquella época, en pleno Renacimiento, las ciudades punteras en arte y arquitectura, se hizo cargo definitivamente del proyecto y lo modificó notablemente. Felipe II, que siendo príncipe también había viajado por Italia, conocía bien las nuevas corrientes arquitectónicas e intervino activamente en la concepción del monasterio.

Éste es de estilo renacentista, matizado con la característica sobriedad castellana y los amplios conocimientos geométricos de Juan de Herrera. Tiene planta en forma de parrilla invertida, en recuerdo del martirio del santo. Se trata de un gran cuadrilátero con austeras fachadas, sin cornisas ni adornos, sólo rota por las líneas de ventanas. Ni siquiera las torres esquineras sobresalen de la fachada para no interrumpir la regularidad del plano. Únicamente en la fachada principal se alzan tres frontones para realzar las puertas. El conjunto se articula en dos ejes longitudinales a ambos lados de un cuerpo central. Éste se halla formado por la iglesia panteón, alrededor de la cual se organizan las estancias palaciegas, y el patio de los Reyes, que reúne las dependencias monásticas. Es especialmente recomendable una visita a la espectacular biblioteca, sobre todo el llamado Salón Principal, cubierto por una bóveda de cañón, decorada con preciosos frescos manieristas. Felipe II, quien, a pesar de la leyenda que rodea su figura, era un gran erudito, pretendió reunir en ella todo el conocimiento de su época.

p. 117
Izquierda, vista general de la fachada principal del monasterio y salón de impresos de la espléndida biblioteca. Derecha, capilla mayor de la iglesia y la llamada Galería Real.

pp. 118-119
Vista aérea del conjunto monástico, en la que se aprecia la planta cuadrada en forma de parrilla invertida.

Murallas de Ávila

En el siglo XI, cuando fue conquistada por Alfonso VI a los musulmanes que la ocupaban, la repoblación de la ciudad de Ávila corrió a cargo de Raimundo de Borgoña, un conde francés que había acudido a Castilla como cruzado para combatir a los sarracenos. A él se debe el monumento más emblemático de la ciudad: sus imponentes murallas medievales, las más antiguas y mejor conservadas de toda España. Hay varias versiones sobre su construcción si bien la más verosímil la sitúa en 1090, a cargo de los «maestros en jometría», el italiano Casandro Colonio y el francés Florín de Pituenga, que utilizaron materiales de la época romana, entre ellos, los sillares de la antigua muralla y las piezas de una necrópolis. Su construcción duró nueve años, un tiempo muy breve, teniendo en cuenta que su perímetro es de 2,5 km. El material utilizado es esencialmente la piedra granítica, con muy poco uso del ladrillo a pesar de que está documentada la colaboración de albañiles mudéjares. La muralla tiene nueve puertas, cuatro postigos (puertas menores y peatonales), 2.500 almenas y 88 torreones cilíndricos. La homogeneidad aparente de su altura es un efecto engañoso. De hecho, los lienzos situados en los lugares llanos que presentaban más vulnerabilidad frente a un ataque llegan a tener una altura de 15 m si bien la alzada media es de 12. Un detalle curioso: la catedral fue construida de modo simultáneo a la muralla y se aprovecho el ábside de ésta, encastado en la fortificación, como elemento de defensa. Aparece como un imponente torreón semicircular que sobresale en la cara exterior del lienzo. La muralla ha sido objeto de numerosas intervenciones a lo largo de la historia. Así, la puerta del Alcázar, una monumental construcción flanqueada por dos torres imponentes de 20 m de altura unidas por un arco de medio punto, fue remodelada en el siglo XV. Más adelante, en la centuria siguiente, se abrió la puerta del Peso de la Harina, también llamada de los Leales, de los Obispos o de la Catedral, por ser la más cercana al templo. La puerta del Mariscal es llamada así por el mariscal Álvaro Dávila, que financió su remodelación en el siglo XIV. La puerta del Carmen, por su parte, fue objeto de reformas en los siglos XIV y XV, tal y como refleja su arco gótico apuntado. La puerta de Santa Teresa fue abierta en el siglo XVI, fecha en que fue reformada la puerta del Puente. A comienzos del siglo XX se emprendió una restauración a fondo de la muralla, que culminó en 1987, con una intervención que le devolvió su espléndido aspecto original.

p. 121
Arco de San Vicente, con las dos torres romanas originales empotradas en la construcción medieval.

pp. 122-123
Izquierda: arriba, paseo de ronda visto desde las almenas de una torre de defensa; abajo, arco del Carmen de la muralla.
Derecha: vista panorámica del conjunto fortificado abulense.

Plaza Mayor de Salamanca

A comienzos del siglo XVIII, el corregidor de Salamanca, Rodrigo Caballero y Llanes, decidió la creación de una nueva Plaza Mayor en el lugar que ocupaba la de San Martín. A finales de 1729 le fue encargado el proyecto a Alberto de Churriguera, quien dirigió la primera fase de la empresa, la cual tuvo que interrumpirse entre 1735 y 1750 debido a los litigios con algunos propietarios. En esta fecha tomó el relevo su sobrino, Manuel de Larra Churriguera, ya que Alberto había fallecido en 1740. Alberto quería construir un recinto cuadrado, lo que no resultó posible debido a la ubicación de la iglesia de San Martín y de unas casas señoriales que había que respetar. Por ello, la plaza tiene una forma algo irregular, pues ninguno de sus cuatro lados tiene la misma longitud, sino que varían entre los 75,6 m de la parte de San Martín y los 82,6 m del lado del Ayuntamiento. Se trata de un recinto barroco porticado con 88 arcos de medio punto sostenidos por pilares. Los pórticos respondían a la necesidad de celebrar el mercado en un lugar resguardado de la lluvia. Sobre ellos se levantan edificios de tres pisos, con 247 hermosos balcones de hierro forjado, que debían servir para gozar de los espectáculos públicos. Las enjutas de los arcos están decoradas con medallones que representan a reyes hispanos, conquistadores y nobles.

El Pabellón Real se construyó en la primera fase y tenía que servir para que los reyes presidieran las corridas de toros, lo cual, al parecer, nunca llegó a ocurrir. Tiene el arco principal presidido por la imagen de san Fernando y está flanqueado por unos medallones que representan a Felipe V e Isabel de Farnesio, los monarcas reinantes en el momento de su fundación.

El Ayuntamiento es obra de Andrés García de Quiñones, que sustituyó a Manuel de Larra Churriguera. Tiene tres pisos resaltados por cornisas, más altos que los del resto de edificios, y está rematado con una elegante espadaña de tres campanas. Tiene una típica decoración barroca a base de enmarques quebrados, curvas partidas y frontones. El proyecto inicial, según la hermosísima maqueta encargada por Quiñones, incluía dos torres laterales que no se llegaron a construir porque, en el último momento, el arquitecto no se fió de la estabilidad del suelo. Como anécdota, en la Plaza Mayor se celebra el Año Nuevo estudiantil, con las doce campanadas y las uvas de rigor, aunque con un par de semanas de antelación, antes de que las vacaciones navideñas dispersen a los estudiantes.

p. 125
Vista aérea de la Plaza Mayor que permite apreciar su armónica geometría.

pp. 126-127
Fachada del Pabellón Real, la más antigua de la emblemática plaza.

Cueva de Altamira
Santillana del Mar (Cantabria)

Una concatenación de felices casualidades culminó en 1868 con uno de los hallazgos más importantes en el ámbito de la arqueología occidental: la cueva de Altamira. En efecto, Modesto Cubillas estaba cazando por los montes cercanos a Santillana del Mar cuando su perro se introdujo en una grieta y no fue capaz de salir de ella. Al acudir al rescate del can, Modesto lo encontró olfateando unos huesos en lo que le pareció la entrada de una gran cueva. De regreso a su hogar, informó de la existencia del hallazgo a su patrón, Marcelino Sanz de Sautuola, propietario del terreno e inquieto intelectual que tenía la paleontología entre sus muchos intereses. Sautuola acudió en diversas ocasiones a la cueva en busca de fósiles. En una de sus visitas, mientras permanecía en la entrada en compañía de su hija María, de 9 años, ésta, aburrida, se adentró en la cueva y volvió corriendo para comunicar a su padre que en el techo había «bueyes pintados». Así se descubrió la llamada Capilla Sixtina de la Prehistoria.

Cuando Sautuola comunicó su hallazgo al mundo científico, la arqueología oficial no creyó en la autenticidad de las pinturas y acusó a Sautuola de fraude. En efecto, el gran realismo de los animales que aparecen en las paredes y los techos de la cueva les parecía absolutamente ajeno a las escasas capacidades artísticas que atribuían al hombre del paleolítico. Cuando más tarde en el sur de Francia se descubrieron pinturas muy parecidas asociadas con fósiles y herramientas de la misma época, la comunidad de arqueólogos no tuvo más remedio que rendirse a la evidencia: el hombre del paleolítico era capaz de representar la naturaleza con gran lujo de detalles.

La cueva de Altamira tiene 270 m de longitud. De hecho, se trata de una serie de cuevas, un vestíbulo junto a la entrada, una inmensa sala donde está el conjunto de pinturas más espectacular y unas cuantas salas menores, algunas de ellas también decoradas con pinturas rupestres. Éstas se remontan al magdaleniense y al solutrense, en el paleolítico superior, es decir, tienen unos 14.000 años de antigüedad. El conjunto de pinturas es una espléndida representación de la fauna de la época, con animales ya desaparecidos, como el mamut o el bisonte, perfectamente reproducidos. Se ignora su finalidad si bien hay cierto acuerdo en atribuirles un sentido religioso puesto que, si hubieran sido meramente decorativas, no hubiera tenido sentido situarlas en el fondo oscuro de la cueva, donde sólo podían contemplarse con luz artificial.

p. 129
Arriba, entorno de la entrada de la cueva; abajo, signos tectiformes de la galería llamada «cola de caballo» y pintura de la Gran Cierva.

p. 130
Techo de los policromos.

p. 131
El emblemático Bisonte Agachado.

otras culturas

La Alhambra
Granada

Cuenta la leyenda que, cuando abandonó Granada camino del destierro, Boabdil, el último rey musulmán de la ciudad, llegó al llamado puerto del Suspiro del Moro y, al girarse para contemplar por última vez la Alhambra, rompió a llorar desconsolado. *Se non è vero è ben trovato*: abandonar semejante palacio tiene algo de irremediable expulsión del paraíso. Granada fue el último reino musulmán en territorio peninsular y la Alhambra (de *qa'lat al-Hamra'*, «castillo rojo» en árabe) el palacio real y centro administrativo del reino. El conjunto palaciego fue construido en el siglo XIII por el primer monarca de la dinastía nazarí, Mohamed I, en el emplazamiento de la antigua alcazaba, en la montaña de al-Sabika, que domina toda la ciudad y la feraz vega granadina. Sus sucesores, Yusuf I y Mohamed V, fueron ampliando el conjunto durante sus reinados, en el siglo XIV, y a ellos se debe la mayoría de los edificios que han llegado hasta nuestros días, el Palacio Real, los baños, el palacio de Comares, la sala de la Barca, la puerta de la Justicia y el patio de los Leones, alrededor del cual Mohamed V construyó su suntuoso palacio. También a estos dos monarcas se deben otras construcciones menores y modificaciones de los elementos existentes previamente, como la ampliación del recinto amurallado y la decoración de las torres. Tal y como era tradicional en las construcciones árabes, las estancias reales se articulaban alrededor de patios abiertos y cuidados jardines, formando un peculiar conjunto arquitectónico que combinaba con excepcional maestría los espacios abiertos y los cerrados. Los árabes, un pueblo del desierto, profesaban un culto desaforado al agua y así crearon un conjunto de fuentes y de pequeños canales que cruzaban patios y estancias en un sistema de refrigeración natural muy eficaz en los veranos granadinos. Tras la conquista de Granada por los Reyes Católicos en 1492, el palacio sufrió diversas modificaciones. La más notable es, sin ninguna duda, el palacio que el emperador Carlos V hizo construir junto a la Alhambra para disfrutar de la belleza del monumento. El edificio, diseñado por el arquitecto Pedro Machuca en un depurado estilo manierista italiano, se convirtió en la residencia veraniega de la corte imperial. En la actualidad es la sede del Museo Nacional de Arte Hispano-Musulmán y del Museo de Bellas Artes de Granada. La Alhambra es el monumento más visitado de España, hasta el punto de que en muchas épocas del año es preciso reservar las entradas con semanas de antelación.

p. 135
Panorámica aérea del conjunto palaciego.

p. 136
Izquierda: arriba, vista exterior de la Alhambra, donde destacan las fortificaciones; patio de la Acequia y, abajo, patio de los Arrayanes o de Comares. Derecha, sala de los Mocárabes y, abajo, sala de las Camas.

p. 137
Patio de los Leones.

Mezquita-catedral
Córdoba

El 15 de mayo del año 756, Abderramán (731-788), uno de los pocos omeyas que se habían salvado de la matanza ordenada por los abasíes en Damasco, venció a al-Fihri en la batalla de al-Musara, en al-Ándalus. Proclamado emir de Córdoba, se lo considera el fundador de la dinastía Omeya que gobernó al-Ándalus hasta el año 1031. Cuando decidió la construcción de una mezquita en la capital, Abderramán I no sólo quiso edificar un centro de oración, sino que pretendía también crear un símbolo que afirmara la grandeza del islam frente al cristianismo y que compitiera con ventaja con las mayores mezquitas del mundo musulmán, especialmente con la de Damasco, de cuyo califato se había independizado.

La mezquita de Córdoba es la obra principal del estilo hispanoárabe de los primeros años de la ocupación musulmana y una de las más importantes de su época en el ámbito islámico. Se levantó sobre la antigua catedral cristiana de San Vicente, que Abderramán compró a la comunidad mozárabe, y en su construcción se emplearon muchos materiales de iglesias visigóticas, como fustes de columnas, frisos y capiteles. También se utilizaron técnicas arquitectónicas autóctonas, como el arco de herradura de medio punto, de origen visigodo, que pasó de al-Ándalus al Magreb e, incluso, a Oriente Medio. En su plano primitivo, la mezquita sólo tenía once naves separadas por columnas. Sin embargo, los sucesores de Abderramán I, Hisham I, Hisham II y Almanzor, fueron añadiendo naves a medida que el crecimiento de la población lo hacía necesario y de este modo crearon el bosque de columnas que forma la identidad icónica del templo. La desproporción entre su vasta superficie y la altura del techo aconsejó la elevación de la cubierta. Ante la dificultad de encontrar columnas de fuste tan alto, se optó por superponer un segundo y hasta un tercer nivel de arcos, una solución que singulariza la mezquita cordobesa. Para dar color a dichos arcos, se utilizó una combinación de mármol blanco y ladrillo rojo.

En 1238, cuando san Fernando conquistó la ciudad, se consagró la mezquita como catedral cristiana y más tarde, en 1523, se comenzó la construcción en el centro del templo de la actual catedral renacentista y plateresca, obra que fue terminada más de cien años después. A pesar de la belleza del nuevo templo, se cuenta que, al ver el resultado, Carlos V pronunció la famosa frase: «habéis destruido lo que era único en el mundo y habéis puesto en su lugar lo que se puede ver en todas partes».

p. 139
Izquierda: arriba, vista de conjunto de la mezquita, con la catedral sobresaliendo sobre las cubiertas de las galerías musulmanas; abajo, portada de Al-Hakan II. Derecha: el mihrab y los característicos dobles arcos de la mezquita.

pp. 140-141
Impresionante aspecto del bosque de columnas en el interior de la mezquita.

Reales Alcázares

Sevilla

Si bien la mayoría de elementos arquitectónicos que pueden contemplarse en la actualidad son posteriores a la conquista de Sevilla por san Fernando (1248), éstos siguieron el estilo morisco original: las dependencias se encuentran organizadas alrededor de patios y zonas ajardinadas. Los monarcas cristianos también respetaron el estilo ornamental original e incorporaron elementos mudéjares y moriscos.

La primera construcción documentada es un palacio fortificado que ordenó construir en el siglo XII el emir almohade Abu Yacub Yusuf. No subsisten de éste más que algunas partes de la muralla, la bóveda del patio de las Banderas y el llamado patio del Yeso, con su refrescante canal y unos hermosos arcos de herradura de gran tamaño, enmarcados por otros más pequeños, un detalle almohade que repitieron posteriormente los arquitectos del reino nazarí. Es de destacar que los Reales Alcázares han sido residencia real sin interrupción desde Abu Yacub Yusuf hasta nuestros días: allí se aloja don Juan Carlos cuando visita Sevilla y de allí salió la comitiva de la boda real de la infanta Elena.

Se entra en los Alcázares por la puerta del León, a cuya izquierda se levanta el palacio de Justicia, construido en 1340 por Alfonso XI en estilo mudéjar para conmemorar su victoria en la batalla del Salado. Tiene una rica decoración con estucos y escudos de armas de los nobles que combatieron al lado de Alfonso XI en la citada batalla.

El patio de la Montería tiene una portada construida por Pedro I el Cruel (1334-1369), de tanta belleza, que el sultán nazarí Mohamed V, huésped del monarca castellano, la reprodujo en la entrada de su palacio granadino de Comares. A la derecha de este patio se encuentra la Casa de Contratación, construida en 1503 por los Reyes Católicos para canalizar el comercio con las Indias. El palacio de Pedro I tiene dos zonas claramente diferenciadas: la privada y la cortesana, organizada esta última alrededor del patio de las Doncellas, con una elegante galería de arcos de abanico y una riquísima decoración de madera en puertas y techos. Alrededor de dicho patio se sitúa el salón del Techo de Carlos I, así llamado por la belleza de su artesonado, las habitaciones de María Padilla, el dormitorio de los Reyes Moros, con una interesantísima puerta, y sobre todo, el suntuoso salón de Embajadores, con unas puertas del siglo XIV y una impresionante cúpula decorada con estucos policromados y mocárabes, realizados en 1427.

p. 143
Izquierda: desde arriba, patio de la Montería; patio del Yeso y acceso al salón de Embajadores. Derecha: jardín de las Damas y, abajo, dormitorio del rey don Pedro.

p. 144-145
Izquierda, patio de las Doncellas.
Derecha, rica decoración de un salón interior del palacio.

Madinat al-Zahra
(Córdoba)

Siguiendo la tradición de tantos monarcas orientales, que solían construir su propio palacio para exaltar su grandeza, en el año 936 Abderramán III an-Nasir li-din Allah («el que combate victoriosamente por la religión de Alá»), primer califa de Córdoba, decidió crear una nueva ciudad palaciega, al tiempo sede del gobierno y residencia califal. La llamó Madinat al-Zahra (la ciudad brillante).

El yacimiento presenta un interés arqueológico extraordinario por dos razones. En primer lugar, se trata de un tipo de urbanismo musulmán absolutamente heterodoxo, en el cual las viviendas no estaban apiñadas a lo largo de tortuosas callejuelas, sino organizadas ordenadamente en amplios espacios. En segundo lugar, ofrece un conjunto urbano intacto, no sujeto a remodelaciones posteriores que hayan desfigurado su trama. En efecto, cuando la ciudad fue abandonada a partir del año 1010, quedó paulatinamente cubierta por el lodo, lo que ha conservado en buen estado los vestigios a pesar de que durante mucho tiempo fue utilizada como cantera de materiales de construcción. La ciudad estaba dotada de dos recintos amurallados: el primero rodeaba el conjunto urbano y el segundo, en el interior, separaba el recinto califal del resto de la ciudad. En la actualidad se está procediendo a excavaciones y restauraciones que reflejan el esplendor de la antigua ciudad califal, si bien los arqueólogos están convencidos de que en el futuro serán exhumados muchos más restos que permitirán conocer mejor la arquitectura hispanoárabe de la época.

El emplazamiento elegido, en la suave ladera de una colina, Yabal al-Arus (la montaña de la novia), situada a unos 8 km de Córdoba y orientada hacia el valle del Guadalquivir, le permitió escenificar perfectamente la estratificación social de la ciudad, con el palacio real en lo alto, dominando Madinat al-Zahra, escalonada sus pies. La ciudad se distribuía en tres terrazas. La más alta, evidentemente, correspondía a la residencia del califa, en la cual se han recuperado de momento el palacio de los Visires y el salón de Abderramán III, o Salón Rico, así llamado por la exuberancia de su decoración. Se trata de los dos edificios más interesantes del yacimiento. Los vestigios, bastante completos, permiten observar los trabajados estucos, así como la calidad de los mármoles pulidos. Según fuentes de la época, el palacio de Abderramán III estaba rodeado por un gran espacio abierto cubierto con mármoles tan pulidos que reflejaban mágicamente el palacio, como si fueran la superficie de un estanque.

p. 147
Vista aérea de la ciudad y dos detalles arquitectónicos del conjunto palaciego.

pp. 148-149
Característicos arcos de herradura de la arquitectura andalusí.

Barrio judío
Girona

En Cataluña llamaban a los barrios judíos de las ciudades medievales *call,* del hebreo *kahal* (asamblea o congregación). El Call de Girona tuvo gran importancia no sólo en la economía local, sino también en la historia del judaísmo occidental. Está documentada la llegada a la ciudad, en el año 888 o 889, de 25 familias judías procedentes de Juïgues que se instalaron cerca de la catedral por iniciativa del conde Delà, que con ello pretendía revitalizar la economía urbana. En efecto, los judíos solían ser hábiles artesanos y, debido a sus contactos con otras comunidades judías del Mediterráneo y de Centroeuropa, mantenían una eficaz red comercial internacional. La presencia judía en Girona duró hasta el ignominioso decreto de expulsión de 1492, si bien a partir de 1391 entró en decadencia debido al terrible pogromo de 1391, impulsado por san Vicente Ferrer. La judería gerundense desempeñó un papel fundamental en la cultura hebrea medieval con la escuela de cábala más importante del mundo judío de aquella época, la llamada *Escola de l'ànima* (escuela del alma), cuyas figuras más importantes fueron Isaac el Ciego (1160-1235), Ezra Ben Salomón (muerto en 1235) y Bonastruç ça Porta (1194-1270), quien protagonizó la famosa polémica con el dominico Pau Cristià en presencia del rey Jaime I el Conquistador.

Las aljamas o juderías aparecieron en las ciudades europeas por la desconfianza de la población cristiana hacia los judíos y por el deseo de estos últimos de permanecer unidos para protegerse frente a posibles pogromos y para mantener vivas su cultura y religión. La primera judería legal fue creada por el papa Pablo IV en Roma. Por lo general, las aljamas estaban rodeadas por un muro y tenían puertas que se cerraban por la noche. En Girona, el Call se formó en el siglo XII con el traslado de la comunidad desde sus viviendas originales alrededor de la catedral a la calle de la Força. En su época de mayor esplendor, el Call llegó a contar con 800 habitantes y fue el segundo en importancia de Cataluña. En la actualidad, las huellas de la presencia judía en Girona se encuentran en las callejuelas empinadas, con escalinatas para superar las cuestas y con viviendas de la época, que conservan sus hermosos portales. El Centro Bonastruç ça Porta acoge un interesante Museo de Historia de los Judíos y el Instituto de Estudios Nahmánides, así como un centro de información sobre los aspectos más relevantes y visitables de la antigua aljama.

p. 151
Arriba, auténtico puzle de tejados de la judería y una plazoleta del Call con sus casas medievales de fachada de piedra; abajo, calle de Manuel Cúndaro, casa Colls-Labayen en la calle de la Força y centro cultural Isaac el Cec.

pp. 152-153
Patio del Centro Bonastruc ça Porta.

Barrio judío
Besalú

Besalú es una localidad ubicada a orillas de río Fluvià, a unos 32 km de Girona. El viajero entrará en la población por un bellísimo puente medieval del siglo XIV, una magnífica obra románica que aprovecha la roca existente en el cauce del río como cimientos de los siete arcos que lo componen. El puente está dividido en dos tramos oblicuos y está fortificado con torres con objeto de cobrar los peajes. Recorriendo las bonitas calles de Besalú, el visitante tendrá la sensación de que el tiempo se ha detenido en el Medievo.

La aljama de Besalú no existió como tal hasta 1415, año en que una bula papal obligó a los judíos residentes en la población a agruparse en un recinto rodeado por un muro y con una sola entrada por el río Fluvià, el Portal dels Jueus, descubierta casualmente en 2007. Hasta entonces, los judíos habían vivido dispersos por la ciudad si bien la mayoría de ellos residía en los alrededores de la sinagoga y en las calles principales del pueblo ya que su situación económica solía ser desahogada. Se supone que los judíos se establecieron en la población hacia el siglo IX, aunque no hay constancia escrita de ellos hasta 1229 cuando aparecen en un documento sobre préstamos firmado por Jaime I el Conquistador. Se ignora el número de miembros de la comunidad judía medieval, pero debió de ser considerable si se tiene en cuenta que contaba, por ejemplo, con 17 médicos, que no sólo ejercían en la judería, sino que también trataban a enfermos cristianos.

Se accede al Call por un pequeño portal que da a la plaça dels Jueus (plaza de los Judíos). Los dos monumentos más importantes del Call son la sinagoga y la *mikwé.* La primera fue construida a partir de 1264, tal y como refleja un documento firmado por Jaime I, autorizando la creación del templo, pero en la actualidad sólo quedan restos de ella. Unos paneles explicativos en la misma plaza permiten hacerse una idea de cómo pudo haber sido el monumento. Bajo los vestigios de la sinagoga se encuentra uno de los monumentos más interesantes de la ciudad, la *mikwé* o baños judíos, destinados no sólo a cumplir una función higiénica sino también, y sobre todo, a cumplir con los baños rituales establecidos por la religión hebrea. Se accede a la *mikwé* por unas escaleras y un pasadizo subterráneo, que sitúa al visitante bajo el mismo centro de la antigua sinagoga. Se trata de una cámara subterránea de piedra cubierta por una bóveda de medio punto, con una pequeña abertura para la iluminación y la ventilación.

p. 155
Arriba, dos callejuelas del Call de Besalú. Abajo, interior de los baños judíos.

pp. 156-157
Puente románico de Besalú, junto al barrio judío de la ciudad.

Sinagogas de Santa María la Blanca y del Tránsito

Toledo

No podían faltar en la ciudad de las Tres Culturas vestigios de la presencia judía en la vieja Sefarad. De hecho, ya está documentada la existencia de una comunidad judía en Toledo en época romana (siglo IV), si bien la judería toledana vivió sus momentos de máximo esplendor en la Edad Media. Antes de que en el siglo XV una ley les prohibiera ejercer funciones públicas, algunos judíos llegaron a ser altos funcionarios de monarcas cristianos. Es el caso de Samuel ha-Leví, almojarife (tesorero) de Pedro I de Castilla, quien en 1366 mandó construir la suntuosa sinagoga del Tránsito. De hecho, este templo era el oratorio privado del fastuoso palacio del ministro, del cual en la actualidad sólo quedan algunos aposentos. Contaba con un acceso directo desde aquél de manera que ha-Levi, su familia y sus invitados no tenían que salir a la calle para asistir a los oficios religiosos. Cuando se decretó la expulsión de los judíos en 1492, los Reyes Católicos donaron palacio y sinagoga a la Orden de Calatrava.

El exterior del templo es de una espartana austeridad, que contrasta con el lujo decorativo de su interior. Se trata de un espacio rectangular diáfano, de gran altura, lo que le proporciona una majestuosa luminosidad. El gusto oriental por la ornamentación recargada se refleja en sus paredes, totalmente cubiertas por adornos de yesería de estilo mudéjar, mientras que el techo posee un hermoso artesonado octogonal con incrustaciones de marfil y decoración pictórica. Entre paredes y techo, corre un friso de estuco con salmos davídicos y escudos de Castilla y León. En la actualidad alberga el Museo Sefardí, con colecciones de piezas relacionadas con la cultura judeoespañola.

Totalmente diferente es la sinagoga de Santa María la Blanca, construida en el siglo XII, probablemente a cargo del mismo arquitecto de la sinagoga de Segovia, con la cual presenta muchas similitudes. Así como la sinagoga del Tránsito es un espacio despejado, la de Santa María tiene cinco naves estrechas, separadas por arcadas con hermosos arcos de herradura de medio punto, en la más pura tradición mozárabe. Son admirables sus columnas y capiteles, con una rica decoración escultórica. El techo presenta un interesante artesonado, probablemente obra de artesanos musulmanes. De hecho, las técnicas arquitectónicas utilizadas son de clara inspiración musulmana, como un reflejo más de que, efectivamente, Toledo fue la ciudad de las Tres Culturas.

p. 159
Muro oriental de la sala de Oración de la sinagoga del Tránsito.

p. 160
Muro meridional de la sinagoga del Tránsito, con inscripciones bíblicas.

p. 161
Interior de la sinagoga de Santa María la Blanca.

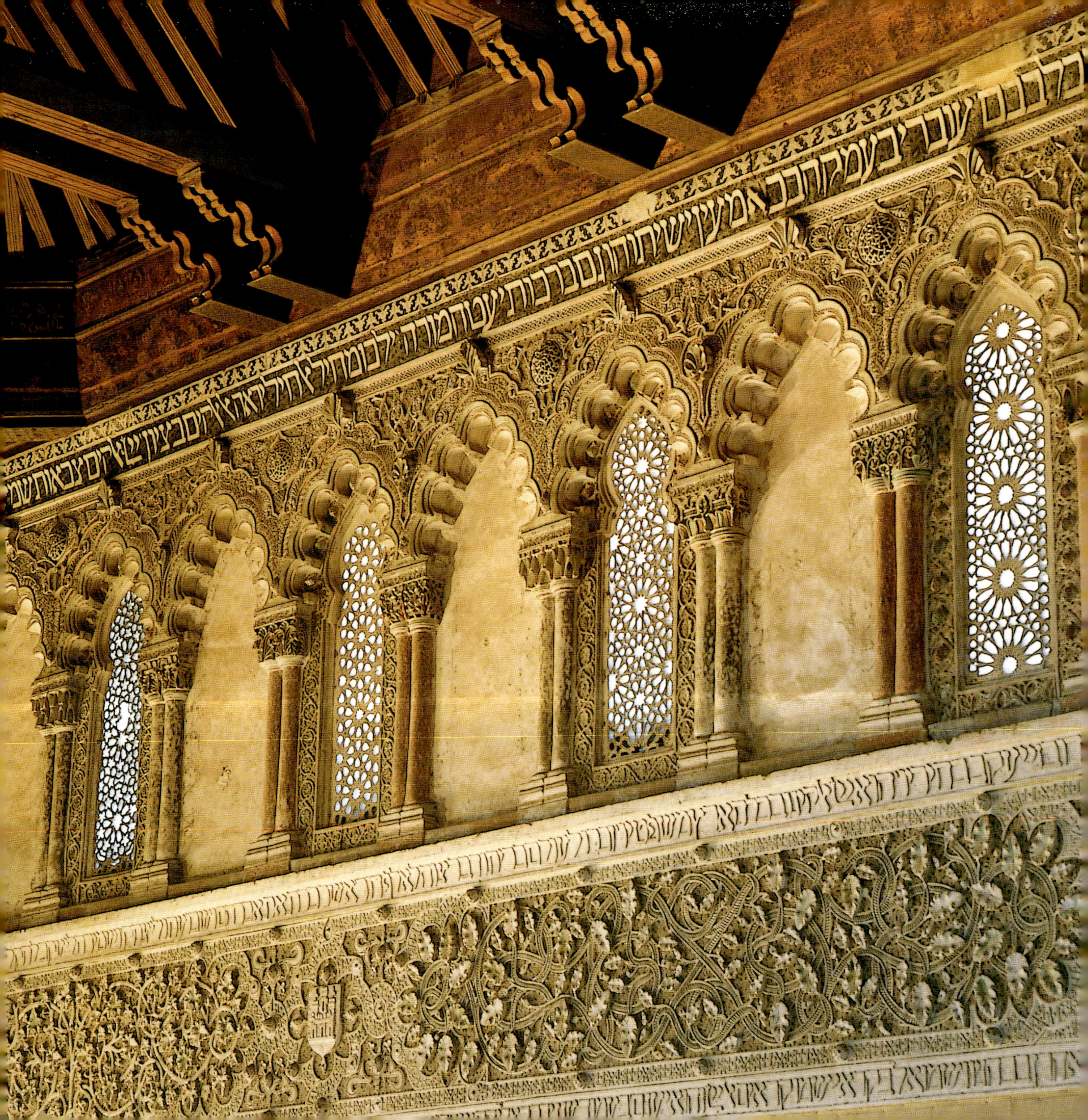

Judería de Hervás
(Cáceres)

En el bonito pueblo de Hervás, situado sobre un altozano de los montes de Tras la Sierra, al norte de la provincia de Cáceres, se encuentra la aljama probablemente mejor conservada de España. La tradición sitúa el origen de Hervás en el siglo XII, alrededor de la ermita que los caballeros del Temple construyeron allí. De la ermita sólo quedan unas curiosas columnas octogonales que sostienen los pórticos de la Casa del Miedo, llamada así porque en ella la Santa Inquisición interrogaba a los sospechosos de herejía. En la Edad Media, el pueblo contaba con una importante comunidad hebrea que había acudido allí huyendo de los grandes pogromos de 1391 y a iniciativa del duque de Béjar, interesado en activar la economía de la población gracias a la laboriosidad y el buen hacer de los judíos. Llegó a haber hasta 45 familias israelíes, un porcentaje altísimo si se tiene en cuenta que el pueblo sólo contaba con 200 familias en total. En 1492, el decreto de expulsión de los Reyes Católicos acabó prácticamente con dicha comunidad ya que sólo aceptaron convertirse al cristianismo 14 de ellas. El resto tuvo que exiliarse al extranjero, especialmente a la vecina Portugal, sin siquiera poder malvender sus propiedades, ya que el entonces duque de Béjar, Álvaro II, se lo prohibió. La comunidad vivía en la judería, un precioso conjunto de arquitectura popular que se adapta al quebrado relieve, con calles estrechas con fuertes y tortuosas cuestas, empedradas con cantos rodados del río Ambroz. Hervás ha conservado en su nomenclátor el recuerdo de la antigua judería, con nombres como calle de la Sinagoga o calle de la Cofradía, en recuerdo de la cofradía formada por los conversos después del decreto de expulsión. Las casas, prodigiosamente conservadas, tienen dos o tres pisos y sus paredes están construidas a base de adobe y tapial, y reforzadas mediante entramados de madera de castaño. Tienen unos característicos tejados en saledizo, a veces, cubiertos de madera, otras veces de teja, y grandes balcones volados. En muchos casos, las fachadas rebosan de tiestos con plantas y flores. Cada año se celebran en Hervás las llamadas fiestas de los Conversos, en las cuales los lugareños, disfrazados para el caso, recrean por las calles lo que debía de ser la vida de la comunidad judía durante la Edad Media. Las fiestas culminan con la representación teatral de *La conversa de Hervás*, una obra de Solly Wolodarsky, un escritor y cineasta argentino de origen judío establecido en la localidad.

p. 163
Vista aérea del barrio judío de Hervás y calles de la judería.

pp. 164-165
Típico empedrado de las calles de la judería de Hervás.

CESTERIA

museos

Museo Nacional del Prado
Madrid

El edificio que alberga una de las pinacotecas más ricas del mundo fue construido en 1785 por el arquitecto Juan de Villanueva (1739-1811) como Gabinete de Historia Natural. No obstante, a partir de 1819 se le atribuyó la función de albergar lienzos de las valiosas colecciones de la Casa Real española. Esto lo diferencia de otras grandes pinacotecas, como el Louvre, que pretenden ofrecer una visión exhaustiva de la historia del arte. El museo alberga miles de obras de todas las escuelas pictóricas, pero, obviamente, predominan los pintores españoles y, entre ellos, sin ninguna duda, destacan los geniales Diego Velázquez y Francisco de Goya. El primero es el autor del famosísimo cuadro *Las Meninas*, una obra que ha sido objeto –y continúa siéndolo–, de numerosos estudios críticos. Se trata de un cuadro de compleja y misteriosa composición. En el centro, vestida de blanco, aparece la infanta Margarita rodeada de sus meninas. El pintor se está autorretratando a la izquierda, observando la escena como en un espejo. En el fondo puede apreciarse al rey y la reina reflejados en un pequeño espejo, a la izquierda de la puerta en que aparece el aposentador. La súbita llegada de los monarcas parece que congele las actividades de algunos de los personajes.

El museo custodia, entre otras joyas, dos de las obras maestras de Goya. La primera, *La maja desnuda*, es un cuadro cargado de misterio. Se ignora quién lo encargó y, aunque algunos críticos afirman que se trata de un retrato de la duquesa de Alba, Goya no reprodujo el rostro de la aristócrata, sino que le superpuso un rostro estereotipado. Fue el primer cuadro de la historia de la pintura occidental que mostró el vello púbico y el primero también en que no se buscó ninguna excusa mitológica, bíblica o legendaria para representar un desnudo. La actitud de la modelo, mirando desafiante al espectador, exhibiendo y ofreciendo su cuerpo sin pudor alguno, no gustó a la Inquisición, que convocó al pintor, si bien el proceso no continuó adelante. Por su parte, *Los fusilamientos del 3 de mayo* es una pintura que, con su ritmo narrativo, parece que se adelante a la prensa gráfica del siglo XX. Abajo, a la izquierda de la imagen, yacen los cadáveres de los insurrectos recién fusilados; más hacia la derecha, concentrando las miradas la blancura luminosa de su camisa, el hombre a punto de morir; al fondo, en la penumbra, más allá de la hilera de soldados, impersonales como la misma muerte, los condenados que esperan su inminente ejecución, llorando y orando. No se puede narrar mejor una tragedia.

p. 169
Diego Velázquez, *Las Meninas*, c. 1656-1657.
Óleo sobre lienzo.
Museo Nacional del Prado, Madrid.

pp. 170-171
Francisco de Goya, *La maja desnuda*, c. 1795.
Óleo sobre lienzo.
Museo Nacional del Prado, Madrid.

T.1299

Museo Nacional Centro de Arte Reina Sofía

Madrid

Deslumbrada por el patrimonio de pintura clásica de sus museos, Madrid había descuidado el arte más moderno. Esta situación se enmendó con la ampliación del Museo del Prado y con la apertura del Museo Nacional Centro de Arte Reina Sofía. Éste se aloja en el antiguo Hospital General, obra de Hermosilla y Sabatini (siglo XVIII) y alberga obras de arte de los siglos XX y XXI. Es un museo en constante evolución, que va ampliando sus colecciones gracias a nuevas adquisiciones, pero, sobre todo, por las donaciones de los herederos de los grandes pintores, tal y como sucedió con los pintores catalanes Joan Miró y Salvador Dalí. Otros artistas profusamente expuestos en el museo son, entre los españoles, Chillida, Oteiza, Tàpies, Saura y el Equipo Crónica, y entre los extranjeros, Braque, Calder, Magritte, Léger, Bacon y Lichtenstein. No obstante, la estrella del museo, su auténtica razón de ser, es, sin ningún género de dudas, el *Guernica* de Pablo Picasso (1881-1973). Desde 1981, fecha de su llegada a España desde el MoMA neoyorquino, el cuadro había estado expuesto en el Casón del Buen Retiro, sin ningún tipo de contextualización cronológica. En el Reina Sofía es posible contemplarlo entre obras contemporáneas suyas y, sobre todo, rodeado de los croquis, esbozos y estudios previos que ayudan a comprender el proceso creativo del genio malagueño. Se trata de un lienzo inmenso (349,3 x 776,6 cm) que el Gobierno de la República le encargó al pintor para el Pabellón Español de la Exposición Internacional de París de 1937. Picasso concibió la obra como un alegato contra la guerra, el dolor y la muerte de inocentes. El tema es el bombardeo efectuado por la Legión Cóndor alemana sobre la villa guipuzcoana de Guernica, una acción de guerra que causó la muerte de muchos civiles. Para representar el dramatismo de la escena, Picasso utilizó una gama muy neutra de blancos, negros y grises, que subrayan el patetismo de las figuras sufrientes. Todo es dolor y desolación en el cuadro: el grito de la madre con el bebé muerto en brazos, a modo de *Pietà* cubista, el guerrero muerto con la espada rota en primer término, el caballo agonizante, la figura que entra en la escena por la esquina superior derecha del cuadro, con una luz en la mano... En el centro de la imagen aparece el único personaje estático, inexpresivo: el mismo Picasso, representado en forma de toro, emulando al Velázquez de *Las Meninas*, que observa al tiempo la escena y al espectador.

p. 173
Antonio Saura, *Grito 7.59*, 1959.
Óleo sobre lienzo.
Museo Nacional Centro de Arte Reina Sofía, Madrid.

pp. 174-175
Pablo Picasso, *Guernica*, 1937.
Óleo sobre lienzo.
Museo Nacional Centro de Arte Reina Sofía, Madrid.

Teatre-Museu Dalí
Figueres (Girona)

Nadie mejor que el propio Salvador Dalí para definir este museo, la última gran creación del genio de Figueres. Éstas son sus palabras: «es evidente que existen otros mundos, esto es seguro; pero [...] están en el nuestro, residen en la tierra y precisamente en el centro de la cúpula del Museu Dalí, donde hay todo el nuevo mundo insospechado del surrealismo».

Cuando en 1961 el entonces alcalde de Figueres propuso a Dalí la creación de un museo sobre su obra en las ruinas del Teatro Municipal, el pintor aceptó entusiasmado. En efecto, no sólo le complació que su gran museo estuviera en su ciudad natal y le cautivó el sobrecogedor misterio de las ruinas del teatro, sino que, tal y como él mismo afirmaba, «soy un pintor eminentemente teatral». El artista se puso, pues, manos a la obra y durante más de una década estuvo diseñando los detalles del proyecto y creando, incluso, obras con la única intención de que fueran expuestas en el Teatro-Museo, que finalmente fue inaugurado el 28 de septiembre de 1974. Las imágenes exteriores más características del edificio son los grandes huevos que rematan las fachadas y la cúpula geodésica reticular transparente, obra del arquitecto Emilio Pérez sobre una idea de Dalí. El museo se divide en tres partes. La primera es el teatro propiamente dicho, diseñado personalmente por el pintor, una auténtica obra de arte en sí misma, del cual no podría retirarse ningún elemento sin adulterar el conjunto. Alberga obras de Dalí desde sus inicios hasta los últimos días de su vida, entre las cuales destacan *Autorretrato con L'Humanité*, *El espectro del sex-appeal*, *Retrato de Gala con dos chuletas de cordero sobre el hombro* o *Leda atómica*. El teatro también alberga instalaciones originales, como *El Cadillac lluvioso* o *La sala Mae West*, creada especialmente por el genial artista gerundense y el arquitecto Òscar Tusquets, en la cual se recreó el rostro de la actriz en tres dimensiones mediante elementos del mobiliario de la sala: un rojo sofá compone los sensuales labios, unos cortinajes creados por el peluquero Llongueras ejercen de rubia melena... Una segunda sección reúne, en varias salas, fruto de la ampliación del museo sin intervención ya de Dalí, la obra pictórica del artista, así como la de otros pintores especialmente apreciados por él. Es la parte más «museística» del edificio, con las obras expuestas en las paredes de forma convencional. Una última sección, inaugurada en 2001, exhibe joyas diseñadas por Dalí, la mayoría de ellas procedentes de la colección Owen Cheatham, así como los dibujos realizados por el artista para su diseño.

p. 177
Salvador Dalí, con la colaboración de Òscar Tusquets, vista frontal de la Sala Mae West, 1974.
Teatre-Museu Dalí. Figueres (Girona).

p. 178
Salvador Dalí, *Leda atómica*, 1949.
Óleo sobre lienzo.
Teatre-Museu Dalí. Figueres (Girona).

p. 179
Salvador Dalí, *El espectro del sex-appeal*, 1934.
Óleo sobre lienzo.
Teatre-Museu Dalí. Figueres (Girona).

Museu Nacional d'Art de Catalunya
Barcelona

En la barcelonesa montaña de Montjuïc, integrado en un recorrido museístico excepcional, que incluye el Museo Arqueológico, la Fundación Joan Miró, CaixaForum Barcelona y el Museo Etnológico, se encuentra el Museu Nacional d'Art de Catalunya. El edificio que lo alberga desde 1934 fue construido como edificio principal de la Exposición Internacional que se celebró en Barcelona en 1929. La vocación del museo era acoger una muestra representativa del arte catalán de los últimos mil años, desde el románico hasta el siglo XX, si bien diferentes avatares y una serie de donaciones han superado el carácter local de las colecciones, que incluyen en la actualidad obras de artistas de la escuela española, como Velázquez, Zurbarán, El Greco o Ribera, y de pintores europeos, como Rubens o Tintoretto. Sin ninguna duda, las secciones más interesantes del museo son las de pintura catalana de los siglos XIX-XX, con pintores como Casas, Rusiñol, Fortuny, Sert, Nonell o Tàpies, pero, sobre todo, las colecciones de pintura medieval y, muy especialmente, la de arte mural románico. A finales del siglo XIX y comienzos del siglo XX, una serie de compradores norteamericanos y marchantes de arte, con la complicidad de algunos sacerdotes, comenzaron a arrancar los frescos de las pequeñas iglesias románicas del Pirineo para su posterior comercialización. Ante semejante expolio, el Institut d'Estudis Catalans y la Junta de Museus decidieron intervenir y organizaron una operación de salvamento de dichos frescos, que fueron desprendidos de las paredes de las iglesias y transportados y custodiados en Barcelona, donde en la actualidad forman la colección de pintura románica más importante del mundo. Sin ninguna duda, una de las piezas más famosas es el Pantocrátor de Sant Climent de Taüll (siglo XII), un precioso fresco anónimo que corresponde al ábside de la iglesia de aquella población pirenaica. Toda la bóveda está ocupada por la figura de Cristo en majestad, con la mano derecha levantada en actitud de perdonar los pecados del mundo, mientras que la izquierda sostiene un libro manuscrito en el cual puede leerse, escrito en latín «Yo soy la luz del mundo». La figura, de limpísimo dibujo y con las manchas de color separadas por pronunciados trazos oscuros, presenta una imagen muy bien definida, que evoca la función didáctica que, sin duda, debían de tener estos frescos para la prédica de la Historia Sagrada en una época en que la mayoría de la población era analfabeta.

p. 181
Pantocrátor o *Maiestas Domini*, perteneciente a la bóveda del ábside central de la iglesia de Sant Climent de Taüll.
Pintura mural.
Museu Nacional d'Art de Catalunya, Barcelona.

pp. 182-183
Retablo de la Santísima Trinidad y del Corpus Christi.
Pintura al temple sobre tabla.
Procedente del monasterio de Santa María de Vallbona, Vallbona de les Monges (Lleida).

EGO SVM
LVX MVDI

Iglesia de Santo Tomé
Toledo

No es un museo, pero alberga una de las más hermosas joyas de la pintura española. La iglesia de Santo Tomé merecería una visita por sí misma aunque no albergara *El entierro del conde de Orgaz*, obra maestra de Doménikos Theotokópoulos (1541-1614), El Greco. El edificio fue construido en el siglo XII, pero fue casi totalmente remodelado a comienzos del siglo XIV. De hecho, del templo original no queda más que la hermosa torre mudéjar de planta cuadrada, construida en ladrillo y mampostería. En la actual iglesia, dividida en tres naves y rematada por un ábside poligonal, destaca la capilla plateresca donde se halla el citado óleo. El señor de Orgaz (que no conde, ya que sus descendientes no fueron ennoblecidos hasta dos siglos más tarde) fue el promotor de dicha reconstrucción y dejó unas rentas a la iglesia para que dijeran misas por su alma en la capilla donde quiso ser enterrado. Precisamente estas rentas están en el origen de la hermosa pintura de El Greco. En efecto, la villa de Orgaz se negó en el siglo XVI a continuar devengando la suma a la iglesia de Santo Tomé, por lo que el párroco, Andrés Núñez, acudió a los tribunales, que acabaron fallando a su favor. Para conmemorarlo, el canónigo quiso invertir el dinero conseguido gracias al pleito, rindiendo homenaje al benefactor de la iglesia. Así, en 1586, El Greco y el sacerdote firmaban el contrato por el cual aquél se comprometía a realizar una pintura para la capilla del finado. El cuadro, un lienzo de 4,80 x 3,60 m, representa la leyenda del señor de Orgaz, según la cual, en el momento del sepelio, acudieron a enterrarlo personalmente santo Domingo y san Esteban. La escena está dividida en dos partes claramente diferenciadas. La parte superior, en semicírculo, representa el reino de los cielos, la iglesia triunfante. La Virgen y san Juan, presididos por Jesús en el vértice, reciben el alma del caballero entre serafines y otras almas bienaventuradas. En la parte inferior, de formato rectangular, se produce el milagro en primer plano ante la mirada de los caballeros que han acudido al sepelio, quienes forman un fondo oscuro del cual emergen sus cabezas, con expresiones entre meditativas y asombradas. En el cuadro también aparecen, entre otros personajes identificados, el párroco de Santo Tomé, Andrés Núñez, de espaldas, con casulla blanca, un niño que señala el milagro, probablemente, el hijo del pintor, y representantes de las principales órdenes religiosas de la ciudad.

p. 185
El Greco, *El entierro del conde de Orgaz*, 1586-1588.
Óleo sobre lienzo.
Iglesia de Santo Tomé, Toledo.

pp. 186-187
Detalles de la obra.

Museo de Bellas Artes
Sevilla

Como tantos otros museos españoles de pintura, el de Bellas Artes de Sevilla fue fundado para albergar las obras de los conventos abandonados por las comunidades religiosas a raíz de la Ley de Desamortización de 1835. Ocupa el hermoso convento de la Merced Calzada, un edificio del siglo XVII construido por el escultor y arquitecto Juan de Oviedo y de la Bandera sobre el emplazamiento del anterior convento mudéjar del siglo XIII. Fueron obra suya la iglesia, la monumental escalera, el claustro principal y el claustro de los Bojes. En el siglo XVIII, este magnífico ejemplo de arquitectura manierista andaluza sufrió varias remodelaciones, como la reforma de 1724 del hermoso claustro superior a cargo de Leonardo de Figueroa o el añadido de la espléndida fachada barroca, profusamente decorada con columnas salomónicas y frontones partidos, rematada por una espadaña de ladrillo y piedra.

En cuanto al contenido, el Museo de Bellas Artes de Sevilla es la segunda pinacoteca de España. El núcleo de las colecciones, tal y como se ha descrito con anterioridad, son las obras procedentes de los conventos desamortizados, lo que explica la importancia que tienen las piezas religiosas en el museo. Gracias al monopolio del comercio con las colonias ejercido por Sevilla, la ciudad vivió una prosperidad que se tradujo en la fundación de numerosos conventos, que encargaban lienzos a los mejores pintores del momento. Así, la llamada escuela sevillana de pintura, espléndidamente representada en este museo, reúne obras de artistas del siglo XVI, como Alejo Fernández o Alonso Vázquez, pero sobre todo del siglo XVII, con pintores como Francisco Herrera el Viejo, Alonso Cano, Juan de las Roelas y, evidentemente, las cuatro grandes figuras del Siglo de Oro de dicha escuela: Diego Velázquez, Francisco de Zurbarán, Juan de Valdés Leal, con su famoso ciclo de pinturas monásticas, y Bartolomé Esteban Murillo, que tiene reservada la antigua iglesia del convento mercedario para la exposición de sus espléndidos lienzos dedicados a la Virgen: la *Inmaculada Concepción (La Colosal)*, la *Dolorosa* o la *Virgen con el Niño (La Virgen de la servilleta).* Otros grandes pintores de otras escuelas también están representados en las colecciones, como El Greco, José de Ribera, Lucas Cranach el Viejo o Francisco de Goya. El museo cuenta asimismo con una muestra de la rica imaginería andaluza, con obras de Juan de Mesa y Juan Martínez Montañés, y con hermosas pinturas sobre azulejo.

p. 189
Bartolomé Esteban Murillo,
Virgen de la servilleta, c. 1666.
Óleo sobre lienzo.
Museo de Bellas Artes de Sevilla, Sevilla.

p. 190
Francisco de Zurbarán, *San Hugo en el refectorio de los cartujos*, c. 1655.
Óleo sobre lienzo.
Museo de Bellas Artes de Sevilla, Sevilla.

p. 191
Francisco de Zurbarán, *Apoteosis de santo Tomás de Aquino*, 1631.
Óleo sobre lienzo.
Museo de Bellas Artes de Sevilla, Sevilla.

Museo Nacional Colegio de San Gregorio
Valladolid

Una de las consecuencias de la Ley de Desamortización eclesiástica de 1835 fue el abandono de muchos conventos y monasterios que habían acumulado a lo largo de los siglos un riquísimo patrimonio artístico. Así, en 1842 se creó en Valladolid el Museo Provincial de Bellas Artes para salvaguardar, dentro de lo posible, dichas obras de arte y ponerlas a disposición de los interesados. Ya en 1933, el museo fue elevado a la categoría de «Nacional», fue trasladado al Colegio de San Gregorio y pasó a llamarse Museo Nacional de Escultura. La última gran intervención estatal en el mismo se produjo en 2009 cuando, tras nueve años de obras, el Colegio de San Gregorio quedó completamente restaurado y habilitado para exhibir las obras con los más modernos criterios museísticos. Vale la pena contemplar atentamente el propio colegio, un edificio del siglo XV, con un hermoso pórtico de estilo gótico tardío, un extraordinario claustro y un bellísimo artesonado mudéjar. Aunque el museo alberga todo tipo de trabajos escultóricos (sillerías, retablos y relieves) y algunas valiosas pinturas, las piezas más numerosas e interesantes son las tallas religiosas de los siglos XV al XVIII, especialmente las de madera policromada. Se exhiben en él obras de artistas tan importantes del siglo XV como Juan de Mena; del siglo XVI, como Felipe Bigarny, Alonso Berruguete o Juan de Juni; del siglo XVI-XVII, como Pompeo Leoni; del siglo XVII, como Gregorio Fernández y del siglo XVIII, como Francisco Salzillo, Juan Alonso Villabrille, o Luis Salvador Carmona, que trabajaron todo tipo de obras, desde retablos hasta pesebres y pasos procesionales. Sin ninguna duda, una de las obras más notables del museo es el retablo de San Benito, obra maestra de Berruguete, creada entre 1527 y 1532, después de su estancia en Italia, donde tuvo ocasión de trabajar con los grandes artistas renacentistas. El retablo es un conjunto de esculturas de madera policromada que representan diferentes episodios de la Historia Sagrada y de la vida de san Benito, como *El sacrificio de Isaac*, *San Benito y el milagro del agua*, *La adoración de los Reyes*, *San Cristóbal con el Niño*, *El martirio de san Sebastián* o *San Mauro salva a san Plácido*. Berruguete supo utilizar en estas tallas las tradicionales técnicas medievales, como el uso de los dorados, mientras que la composición tiene una fuerza vital, una expresividad y un movimiento que, más allá de la formación renacentista de Berruguete, anunciaban ya la vehemencia del Barroco.

p. 193
Alonso Berruguete, *Sacrificio de Isaac*, 1526-1532.
Madera tallada y policromada.
Procedente del retablo mayor del monasterio de San Benito de Valladolid.
Museo Nacional de escultura, Valladolid.

pp. 194-195
Juan de Juni, *Entierro de Cristo*, 1541-1544.
Museo Nacional de escultura, Valladolid.

NOS IN
CHRIS N
MORTV

ECTIS SEPVL
TRIS SEPELI
M TVVM

Museo de Bellas Artes
Bilbao

A diferencia de otros museos de Bellas Artes españoles, que se crearon a raíz de la Desamortización del siglo XIX, o del Museo del Prado, cuyo núcleo está formado por las colecciones de las casas reales españolas, el Museo de Bellas Artes de Bilbao nació gracias a la iniciativa privada, concretamente, gracias al mecenas Laureano de Jado, quien donó su colección para que fuera expuesta en el futuro museo. Éste fue fundado en 1908 e inaugurado, en 1914, en la Escuela de Bellas Artes. El museo tuvo una rápida aceptación en la sociedad bilbaína y pronto instituciones y particulares incrementaron notablemente las colecciones con sus donaciones y adquisiciones. En 1938 se decidió unificar el Museo de Bellas Artes con el Museo de Arte Moderno, y con este objetivo se encargó a los arquitectos Fernando Urrutia y Gonzalo Cárdenas la concepción del actual edificio neogótico situado en el parque de Casilda Iturrizar. En la década de 1960, el museo había quedado pequeño y se encargó un edificio anexo a los arquitectos Álvaro Líbano y Ricardo Beascoa, que crearon un espacio totalmente distinto, de acero y cristal, inspirado en la obra de Mies van der Rohe. Entre 1996 y 2001, el edificio fue objeto de una reforma radical para adaptarlo a los nuevos criterios museísticos y adquirió su actual aspecto. El museo reúne colecciones de dibujos, pinturas, esculturas y piezas de artes aplicadas que abarcan desde el siglo XII hasta la actualidad. Posee unas espléndidas colecciones de piezas góticas, holandesas y flamencas, si bien los mejor representados son la escuela española del Siglo de Oro y el arte vasco de todas las épocas. Así, cuenta con obras de El Greco (*La Anunciación*, *San Francisco en oración ante el Crucificado* y *Magdalena Penitente*), Francisco de Zurbarán (*Santa Isabel de Turingia*, *Santa Catalina de Alejandría*, *La Virgen con el Niño Jesús y San Juan Bautista niño*, entre otras), José de Ribera (*Magdalena Penitente* y *San Sebastián curado por las santas mujeres*), Goya (*Retrato del poeta Moratín* y *Retrato de Martín Zapater*), Bartolomé Esteban Murillo (*San Lesmes* y *San Pedro en lágrimas*). El arte del los siglos XIX y XX está representado por figuras de la talla de Federico de Madrazo, Mariano Fortuny, Joaquín Sorolla, Ignacio Zuloaga (con numerosas y espléndidas obras), Pablo Gargallo, José Gutiérrez Solana, Manolo Millares o Antoni Tàpies. El museo organiza periódicamente interesantes exposiciones temporales en colaboración con las más prestigiosas instituciones museísticas españolas y extranjeras.

p. 197
El Greco, *Anunciación*, 1596-1600.
Óleo sobre lienzo.
Museo de Bellas Artes, Bilbao.

p. 198
José de Ribera, *San Sebastián curado por las santas mujeres*, 1621.
Óleo sobre lienzo.
Museo de Bellas Artes, Bilbao.

p. 199
Ignacio Zuloaga, *Retrato de la condesa Mathieu de Noailles*, 1913.
Óleo sobre lienzo.
Museo de Bellas Artes, Bilbao.

arquitectura contemporánea

Museo Guggenheim
Bilbao

Cuando las autoridades vascas concibieron la idea de crear un museo Guggenheim *ex novo* en el emplazamiento de las desmanteladas instalaciones metalúrgicas de Bilbao, estaba comenzando un largo proceso que iba a culminar situando a la ciudad en el mapa museístico internacional y en los manuales de arquitectura de todo el mundo. El proyecto fue encargado al arquitecto Frank O. Gehry, autor de notables obras públicas relacionadas con la cultura, como la Frances Howard Goldwyn Regional Branch Library, el California Aerospace Museum, ambos en Los Ángeles, o el American Center de París.

El edificio, inaugurado en octubre de 1997, está situado en la antigua zona industrial de Abandoibarra, junto al puente de La Salve, que queda integrado en el conjunto arquitectónico, al pasar por debajo del museo a través de una galería. La vanguardista arquitectura del museo convierte el edificio en una obra de arte en sí misma, hasta el punto de que el patronato de éste ha contemplado la posibilidad de cobrar derechos de imagen por las fotografías del exterior reproducidas en los libros de arte. Se trata de un conjunto de unos pocos volúmenes ortogonales y una mayoría con formas caprichosas, curvilíneas, que se imbrican unos con otros en un aparente y caótico desorden. El conjunto está cubierto por una «piel» de 33.000 placas de titanio que, a pesar de la ligereza que sugieren sus ondulantes formas, pesa la friolera de 60 toneladas. Es de destacar la complejidad que implicó el cálculo matemático, imposible en la era preinformática, de la estructura metálica que sostiene la estructura exterior, compuesta por cristal y piedra caliza. Ésta fue elegida porque, en contacto con la humedad del ambiente bilbaíno, envejece rápidamente y adquiere una bonita tonalidad rosada. Se accede al museo por un enorme atrio, diáfano y luminoso, que articula los tres niveles del edificio, un total de 22.000 m^2 de superficie expositiva, repartidos en veinte galerías. El conjunto alberga también un auditorio con 300 localidades, un restaurante, una cafetería y una tienda-librería. Si bien cuenta con una colección permanente de piezas de artes plásticas del siglo XX, su interés radica en su pertenencia a la red de museos Guggenheim, lo que le permite disponer de sus inagotables fondos para sus interesantísimas exposiciones temporales, un concepto museístico acorde con nuestra sociedad globalizada, tan vanguardista como la propia arquitectura del edificio.

p. 203
Vistas del intrincado juego de volúmenes del edificio concebido por Frank O. Gehry, y la etérea estructura desde el interior.

pp. 204-205
Espectacular vista nocturna del Museo Guggenheim de Bilbao.

Pabellón puente
Zaragoza

Hasta el siglo XIX, la construcción de un puente, muy dependiente del perfil del cauce del río en un punto determinado, determinaba las rutas comerciales en muchos kilómetros a la redonda, incluso, el hecho de ser o no ser de una ciudad. Desde que la moderna tecnología ha ido permitiendo el uso sucesivo de las estructuras de hierro, de acero laminado y de cemento pretensado, los puentes se han ido multiplicando hasta el punto de que, sin perder su importancia funcional, se han convertido en auténticos monumentos en los cuales cada gobierno ha intentado plasmar su prestigio y cada ingeniero su talento. El pabellón puente de Zaragoza es un puente, y valga el pleonasmo, puesto que cumple dicha función: en efecto, permite salvar el río Ebro a su paso por Zaragoza. Sin embargo, en su interior alberga estancias, escaleras, pasillos, salas de exposiciones y amplios ventanales con vistas panorámicas sobre la ciudad: por tanto, es también un pabellón y, como tal, funcionó durante la Exposición Internacional de Zaragoza de 2008, junto a la Torre del Agua y el Acuario Fluvial. Fue diseñado por la prestigiosa arquitecta británico-iraquí Zaha Hadid como entrada principal a dicha exposición y, al tiempo, como pabellón de ésta. De hecho, se trata de una construcción horizontal recostada sobre el Ebro, en forma de gladiolo, con el estrecho tallo apoyado en la ribera de la Almozara, abriéndose sobre el río hacia la orilla izquierda, donde se ubicó la Expo, con dos de sus tres espigas como flotando en el aire. El puente, de dos niveles, tiene una longitud de 270 m que se apoyan sobre tres puntos, uno principal sobre una isla en el cauce del río, y dos secundarios en ambas márgenes. La inestabilidad del suelo, muy poco consistente, obligó a horadar hasta 70 m para encontrar un terreno duro sobre el cual pudieran consolidarse los cimientos. El puente fue construido totalmente en tierra firme y para su instalación sobre el cauce del río fue preciso trasladar sus 2.200 toneladas durante 125 m sin apoyo alguno, en una compleja maniobra que duró 53 días. El transporte se realizó sobre dos trenes de patines, uno delantero y otro trasero, empujados por gatos hidráulicos. Fue precisa la intervención sincronizada de un equipo de 150 montadores y soldadores que iban fijando la estructura a medida que ésta avanzaba. Una vez que se clausuró la Expo 2008, el pabellón puente fue adjudicado a Ibercaja para que lo reconvirtiera en una serie de espacios dedicados a la cultura y las nuevas tecnologías.

p. 207
Interior del pabellón puente, en el que se aprecia la estructura de la construcción.

pp. 208-209
Vista panorámica del audaz diseño del puente.

Toda persona tiene derecho a contar con agua

aragón 2008
La vida te espera
24

Ciudad de las Artes y de las Ciencias
Valencia

Bastaron siete años entre la concepción de la idea, en 1991, y su inauguración, en 1998, para que la Ciudad de las Artes y las Ciencias de Valencia se convirtiera en un centro de divulgación cultural y de esparcimiento pedagógico sin igual en España. Su objetivo era conformar un gran parque temático cuyos argumentos debían ser las ciencias expuestas de forma atractiva y las artes en general, especialmente las artes escénicas. Un cambio de gobierno autonómico modificó el primer proyecto sustituyendo una torre de comunicaciones que, con sus 370 m de altura, iba a ser la tercera más alta del mundo, por un palacio de la ópera, y añadió un parque oceanográfico. El complejo, ubicado a lo largo de 2 km en el antiguo cauce del Turia, desviado tras las trágicas riadas de 1957, vino a completar la oferta lúdica. Se hicieron cargo del proyecto Santiago Calatrava y Félix Candela, dos grandes figuras de la arquitectura y la ingeniería contemporáneas, que crearon en la Ciudad un conjunto de edificios en los cuales dominan las formas orgánicas, las líneas curvas e inclinadas y los espacios diáfanos, con tirantes exteriores en lugar de columnas interiores. Calatrava, ingeniero de caminos, arquitecto y escultor, aprovechó su experiencia en la construcción de etéreos puentes colgantes para crear sus ingrávidos espacios. A él se deben el Palau de les Arts Reina Sofía, el Hemisfèric y el Museo de las Ciencias Príncipe Felipe. Félix Candela, fallecido poco antes de la inauguración de la Ciudad, concibió los edificios auxiliares del Oceanogràfic. Este último espacio es el mayor acuario de Europa, con más de 500 especies de animales marinos que el visitante puede contemplar «desde dentro», caminando por el túnel de cristal que lo cruza. El Palau de las Arts Reina Sofía es un conjunto de cuatro salas de concierto, desde un gran auditorio hasta una pequeña sala para la música de cámara, todo ello rodeado de zonas ajardinadas y estanques donde se reflejan las líneas vanguardistas de las construcciones. El Hemisfèric es una sala de proyecciones con una pantalla gigante y envolvente que multiplica los efectos especiales y la espectacularidad de películas y reportajes. Por último, el Museo de las Ciencias Príncipe Felipe es uno de estos modernos museos interactivos donde, con el lema de «prohibido no tocar», se invita al visitante a desencadenar pequeños fenómenos de física o de química de forma lúdica y didáctica.

p. 211
Izquierda: interior del Museo de las Ciencias Príncipe Felipe; derecha: arriba, el auditorio, con la estructura de carga a la vista; abajo, el espectacular Oceanogràfic.

pp. 212-213
Vistas panorámicas de la Ciudad de las Artes y las Ciencias.

VISIÓN CIENTÍFICA
DE LAS DROGAS

Ciudad del Vino
Elciego (Rioja alavesa)

Tradicionalmente, las grandes bodegas se han ocultado bajo tierra, han conservado en secreto los métodos de vinificación y sus pequeños trucos. La viticultura ha sido, durante siglos, una actividad impregnada de conservadurismo. Pues bien, parece que esto se ha acabado. Del mismo modo en que las administraciones y las grandes corporaciones han recurrido a los más famosos arquitectos para materializar su prestigio en edificios hipermodernos, las marcas de vinos más importantes han decidido singularizarse construyendo complejos enológicos de vistoso vanguardismo. La Ciudad del Vino, situada en Elciego (Rioja alavesa), es el mejor emblema de esta simbiosis entre tradición y futurismo que tantas bodegas españolas han adoptado como imagen de marca. En efecto, inaugurado en el año 2006, este auténtico homenaje al vino reúne las antiguas bodegas Marqués de Riscal, construidas a partir de 1858, y un complejo hotelero integrado por un balneario de vinoterapia, un centro de convenciones, un hotel de lujo y un restaurante gastronómico. Cuenta la leyenda que el arquitecto a quien se encargó el proyecto, Frank O. Gehry, el autor del Museo Guggenheim de Bilbao, aceptó el desafío cuando le dieron a probar una botella de vino de 1929, año de su nacimiento, y la encontró en perfecto estado. Gehry tuvo muy claro que el protagonista de la obra debía ser el vino. No por ello renunció a utilizar sus materiales favoritos y sus especiales combinaciones formales. Imaginó así unas formas líquidas, encarnadas por las placas de titanio onduladas que rematan el edificio y que evocan el movimiento del vino. Tal y como es habitual en Gehry, los espacios se ordenan (o se desordenan) en una imbricación de volúmenes irregulares, aparentemente caóticos, sostenidos por conjuntos de esbeltas columnas, agrupadas de tres en tres. Ello permite crear volúmenes en voladizo, como sarmientos de vides, que con su rizada cubierta insinúa también el movimiento de los pámpanos al viento. Los diferentes cuerpos del conjunto, articulados mediante una estructura de acero inoxidable, están abiertos al exterior con grandes paneles acristalados, que generaron largas investigaciones para dar con un material que aislara el conjunto tal y como requiere el tratamiento del vino. El visitante acudirá al lugar sin prisas, disfrutará de un lento acercamiento al mágico edificio que parece que surge de la tierra como una vid metálica y lo contemplará con la misma parsimonia y el mismo espíritu receptivo con que después degustará los placeres del turismo enológico.

p. 215
Arriba: izquierda, «Al pueblo le han puesto un lazo», como dicen los lugareños; derecha, los parasoles metálicos detienen los rayos solares directos, pero no quitan luz al interior del edificio. Abajo, detalle de la cubierta de titanio.

pp. 216-217
Vista de conjunto de la Ciudad del Vino, en Elciego.

Museo de la Evolución Humana
Burgos

Las recientes excavaciones en el yacimiento de Atapuerca (Burgos) pusieron al descubierto restos fósiles de una gran antigüedad. La serie documenta la evolución humana desde los homínidos que vivieron hace más de 750.000 años hasta el actual *Homo sapiens*. Los hallazgos han revolucionado los conocimientos sobre la aparición de nuestra especie en Europa, especialmente el del fósil más emblemático del yacimiento, el *Homo antecessor*, que hizo pensar a los expertos que por fin habían hallado el anhelado eslabón perdido. No obstante, este planteamiento ha sido rebatido por otros hallazgos posteriores. En este contexto, el Ayuntamiento de Burgos decidió aprovechar la proximidad del yacimiento para convertir la ciudad en un centro de interés internacional en el campo de la evolución humana. Con esta intención y como complemento teórico e interactivo a las instalaciones de Atapuerca, las autoridades burgalesas decidieron la creación de un Museo de la Evolución Humana. Ganó el concurso internacional convocado por el Ayuntamiento el proyecto del arquitecto cántabro Juan Navarro Baldeweg, autor de numerosas instalaciones culturales, entre ellas, la recreación de la cueva de Altamira para su visita turística. El museo fue inaugurado en julio de 2007 y se complementa con un Centro de Investigación de la Evolución Humana y un Centro de Congresos, tres cubos de cristal que presiden una despejada plaza ajardinada. El conjunto fue concebido según los criterios de la más moderna museística, en la cual el continente se plantea en función de los contenidos, tanto en el plano estructural como en el estético. En palabras de su creador, se trata de «un edificio que hace hincapié en la relación [de su arquitectura con] la naturaleza y el contenido que se expone». Así, el museo, un cubo de cristal de líneas depuradísimas, tiene un interior luminoso y lleno de vegetación, en una evocación de la naturaleza, el entorno paisajístico de nuestros antepasados. La luz cenital es la protagonista arquitectónica del museo. Baña su interior, filtrándose desde las secciones prismáticas del edificio, tratadas con lamas para tamizar el exceso de luminosidad de los veranos burgaleses. El interior del edificio es totalmente diáfano, pues el techo no está sostenido por paredes, sino por unas estructuras exteriores visualizadas en un color rojo. En el museo se han reproducido las trincheras de Atapuerca, con sus hallazgos fósiles, en unas secuencias verticales de gran dinamismo expositivo.

p. 219
Vista exterior y salas del Museo de la Evolución Humana.

pp. 220-221
Exterior del museo en el que se aprecia la estructura romboidal de carga.

Cuatro Torres Business Area
Madrid

Cuando el Real Madrid trasladó su ciudad deportiva a Valdebebas, el Ayuntamiento y la Comunidad Autónoma decidieron que era una magnífica oportunidad para crear un gran centro de negocios que atrajera a las empresas del sector terciario y despejara así el centro histórico de la capital, congestionado por un tráfico rodado para el cual no estaba preparado. El nuevo pulmón financiero de la ciudad, la imagen de marca del urbanismo de la nueva Castellana, tuvo originalmente el nombre de Madrid Arena, que fue sustituido por el definitivo de Cuatro Torres Business Area (CTBA) para plasmar la vocación cosmopolita del centro de negocios. El conjunto se compone, esencialmente, de cuatro rascacielos, los más altos de España, y de un centro de convenciones todavía en construcción. Las obras de las cuatro torres comenzaron en 2004 y culminaron en 2009. La CTBA, un hermoso espectáculo arquitectónico, ha modificado totalmente el *skyline* de Madrid por la vertiginosa altura de los edificios, que contrasta con el urbanismo «horizontal» de su entorno. Los más altos son la Torre Caja Madrid y la Torre de Cristal, ambas con 250 m de altura. La primera, diseñada por Norman Foster, está estructurada en dos grandes elementos laterales de hormigón que se unen en lo alto en un airoso arco cuadrado. Estas dos estructuras sostienen, a modo de estantería, sus 45 pisos, divididos en tres grupos que sobresalen en la fachada. Entre estos tres bloques se organizan unas plataformas con once y doce pisos. Por su parte, la Torre de Cristal, diseñada por Íñigo Ortiz, Enrique León y César Pelli, tiene 52 plantas, 47 destinadas a oficinas y cinco a instalaciones de funcionamiento interno, como calefacción, aire acondicionado, maquinaria para los ascensores, servicios de mensajería, etc. Sorprende su silueta, con las fachadas inclinadas, a modo de obelisco egipcio, y un hermoso jardín botánico en su azotea. La Torre Sacyr-Vallehermoso es una creación de Carlos Rubio Carvajal y Enrique Álvarez-Sala Walter. Es un rascacielos cilíndrico, de 236 m de altura y 52 pisos, 33 de los cuales están ocupados por un hotel de cinco estrellas de 500 habitaciones y el resto por oficinas. Por último, la Torre Espacio, obra del estudio de arquitectos neoyorkinos Pei, Cobb Freed & Partners, es la más «baja» del conjunto, con 223 m y 57 pisos. Tiene también una insólita silueta: sus fachadas, de planta cuadrada convencional en su arranque, van adoptando con la altura una forma helicoidal.

p. 223
Detalles de las fachadas de las torres Business Area, en Madrid.

pp. 224-225
Espectacular vista de conjunto de las cuatro torres.

Centro Cultural Internacional Niemeyer

Avilés (Asturias)

En el año 1989, el hoy día centenario arquitecto brasileño Oscar Niemeyer, el creador de la ciudad de Brasilia, fue galardonado con el Premio Príncipe de Asturias de las Artes. En 2006, con motivo del 25º aniversario de dicha distinción, Niemeyer quiso contribuir a la celebración, haciendo un espléndido regalo a la Fundación Premios Príncipe de Asturias: el proyecto de un centro cultural, en sus propias palabras, su «obra más importante y querida fuera de Brasil». El Centro Cultural Internacional Niemeyer de Avilés presenta muchos puntos en común con el bilbaíno Museo Guggenheim. Ambos son obra de genios de la arquitectura a nivel mundial, están ubicados en antiguas zonas industriales degradadas y nacieron con vocación de situar sus respectivas ciudades en el mapa de los grandes centros culturales del mundo. La primera piedra del conjunto se colocó en 2008 y, tres años más tarde, en marzo de 2011, se celebró su inauguración. Ésta duró tres días y en ella quiso participar otro galardonado con el Premio Príncipe de Asturias, Woody Allen, quien ofreció un concierto con su banda de *jazz.* El centro, situado en la margen derecha de la ría de Avilés, ocupa una extensión de 44.123 m^2, 16.726 de los cuales están construidos. El elemento arquitectónico preponderante en el conjunto es la línea curva, tal y como es habitual en las obras de Niemeyer, porque para el famoso arquitecto «de curvas está hecho todo el universo». El centro comprende una gran plaza concebida como punto de encuentro de la gente y cuatro edificios, el más emblemático de los cuales es, sin ninguna duda, la cúpula. Este edificio ha cambiado totalmente el horizonte de Avilés y va a quedar vinculado para siempre con la imagen de la ciudad. Se trata de una semiesfera de 58 m de diámetro y 18 m de altura, construida con una técnica revolucionaria. Se cubre la superficie de la futura construcción con una tela de PVC, se insufla aire bajo la misma hasta conseguir la forma deseada. A continuación, un equipo de albañiles recubre el interior de la misma con varias capas de hormigón. La torre, otro de los elementos del conjunto, consiste en una plataforma circular que, sostenida por un pie central, alberga un restaurante. Por su parte, el auditorio, con un aforo de 1.000 plazas, posee un escenario que, además de abrirse hacia la platea, puede hacerlo también sobre la plaza para celebrar eventos multitudinarios. El último elemento del centro es un edificio polivalente que alberga una cinemateca, salas de conferencias y una tienda.

p. 227
Vista del Centro Internacional Niemeyer, estructura circular que alberga el restaurante y detalle del interior, en que se aprecia el predominio de la línea curva en las creaciones del gran arquitecto brasileño.

pp. 228-229
Vista panorámica de la plaza, con la cúpula y la torre restaurante.

Museo de Arte Contemporáneo de Castilla y León

León

Las vidrieras de la catedral gótica de León fueron la fuente de inspiración de los arquitectos Emilio Tuñón y Luis M. Mansilla, colaboradores de Rafael Moneo durante más de 10 años, para crear el colorido mosaico de la fachada del Museo de Arte Contemporáneo de Castilla y León, que está compuesta por 3.351 cristales de 37 colores, obtenidos mediante un proceso de digitalización de la vidriera llamada *El halconero*, una de las más antiguas de la seo. No es ésta la única referencia histórica que presenta este edificio, paradójicamente calificado como «museo del presente». En efecto, la misma planta del edificio, de compleja geometría, está compuesta por una retícula de cuadrados y rombos de 11 m de lado en una personalísima interpretación de un tipo de pavimento de la época romana. El museo con sus formas cóncavas configura un espacio exterior que parece abrazado por las fachadas multicolores. Inaugurado en 2005, el edificio obtuvo en 2007 el premio de arquitectura Mies van der Rohe, concedido bianualmente por la fundación homónima de Barcelona y por la Unión Europea, un galardón que habían obtenido en ocasiones anteriores profesionales de la talla de Norman Foster, Zaha Hadid o Rafael Moneo. El jurado justificaba su decisión por «la forma en que una serie de contenedores interrelacionados permite crear espacios interiores flexibles capaces de resolver los problemas que plantea la exposición del arte contemporáneo». Así pues, el interior del museo se articula en una serie de espacios continuos, pero distintos, en los cuales no existen zonas de comunicación, como pasillos o distribuidores, sino que son los organizadores de las exposiciones quienes deciden con su diseño el recorrido de la visita o lo dejan a la elección del visitante. Este espacio interior está definido por el uso de hormigón blanco, que confiere homogeneidad y luminosidad al conjunto. El de las paredes está encofrado en madera, lo que crea una superficie rugosa de anacrónica hermosura mientras las vigas del techo, expuestas, son de hormigón armado blanco. Por su parte, el suelo es del mismo material, pero continuo, pulido y encerado. Una serie de elementos vienen a alterar la monotonía del conjunto sin romper, por ello, su unidad espacial: lucernarios, vestíbulos y entreplantas alegran el conjunto como una fiesta entre semana. También contribuyen a dicha alegría los patios interiores, habilitados para albergar exposiciones temporales.

p. 231
Vistas de la torre del museo, la entrada del edificio y detalles del interior.

pp. 232-233
Las vidrieras multicolores de la fachada están inspiradas en las de la catedral de León.

MUSAC Museo de Arte Contemporáneo de Castilla y León

costumbres populares y eventos

El Camino de Santiago

Según cuenta la tradición católica, en el año 42 o 44 d.C. Santiago el Mayor fue apresado y degollado por orden de Herodes Agripa I, que así pretendía cortar de raíz la propagación del cristianismo en Israel. Consternados, sus discípulos lo introdujeron en una barca de piedra que fue transportada milagrosamente por el mar hasta las costas gallegas, cerca de Iria Flavia (Padrón), donde recibió sepultura. Casi ocho siglos más tarde, en el año 813, comenzó a caer una lluvia de estrellas sobre el montículo donde estaba enterrado el apóstol (*Campus Stellae*, «campo de la estrella», de donde procede Compostela). Informado de ello el obispo Teodomiro, se personó en el lugar y descubrió el sarcófago con los restos del santo. La noticia del hallazgo corrió como pólvora por todo el Occidente cristiano que, amenazado por la expansión musulmana, interpretó el descubrimiento como una señal del cielo. Pronto comenzaron a acudir peregrinos para venerar las reliquias hasta el punto de que en el año 830, el rey asturiano Alfonso el Casto mandó construir una basílica para albergar el sepulcro del apóstol y, para proporcionar los servicios necesarios a los peregrinos, comenzó a crecer una ciudad alrededor de la basílica. En un principio, los peregrinos europeos recorrían la cornisa cantábrica por la costa, pero a medida que los reyes castellano-leoneses fueron reconquistando territorio a los musulmanes, quedó establecido el llamado Camino Francés, que entra en la Península por Roncesvalles para cruzar Navarra, La Rioja, Castilla y León y entrar en Galicia por Cebreiro. Desde entonces, millones de peregrinos han recorrido y recorren el Camino, como penitencia, como simple acto de devoción, como reto personal, cada cual con sus motivaciones. Se sea creyente o no, hacer a pie el Camino de Santiago es una experiencia vital. Nadie es la misma persona después de haber superado el cansancio, la sed, el calor y el frío y de haber caminado los casi 800 km que separan Roncesvalles de Santiago de Compostela. No obstante, al margen de la dimensión espiritual del Camino, éste ofrece muchos otros puntos de interés. Efectivamente, los peregrinos eran una buena fuente de ingresos para los habitantes de los territorios por donde pasaban. Pronto fueron apareciendo a lo largo del Camino nuevas poblaciones, puentes medievales, hospitales de peregrinos, iglesias, hospicios, monasterios y castillos. En palabras de Luis Carandell, «España tiene el mayor museo al aire libre del mundo y este museo se llama el Camino de Santiago».

p. 237
Arriba: izquierda, el Camino en Tierra de Campos, cerca de Carrión de los Condes; derecha, puente romano de Noja (Cantabria) en el Camino del Norte. En el centro: izquierda, monasterio de San Miguel de la Escalada (León); derecha, convento de San Marcos, hoy parador nacional. Abajo: izquierda, los atributos del peregrino, la vieira, la calabaza y el bordón; derecha, albergue de Nuestra Señora del Pilar, en Rabanal del Camino (León).

p. 238
Fachada del Obradoiro de la catedral de Santiago.

p. 239
Parteluz del pórtico de la Gloria, catedral de Santiago.

SCHUHE HIER BITTE
BOTAS AQUI GRACIAS
CHAUSSURES ICI S.V.P.
BOOTS HERE PLEASE
SCARPE QUI GRAZIE

Los *castellers*

Es fiesta mayor en un pueblo tarraconense. La plaza del Ayuntamiento está abarrotada de gente. En el centro, una *colla* (cuadrilla) de *castellers*, vestidos con pantalones blancos y camisa de color, forma una piña compacta. Los *dosos* suben sobre los hombros de los componentes de la piña. Son hombres robustos, con cintura de hierro. Un montón de manos acuden a apuntalarlos. En efecto, los *dosos*, los hombres que forman el segundo piso del *castell*, han de aportar mayor esfuerzo puesto que tienen que soportar casi el mismo peso que los de la base, pero en equilibrio y sin la presión exterior de la piña. Se sujetan firmemente por los hombros. El *cap de colla* los observa, comprueba que todo es correcto. *Amunt!*, grita. ¡Arriba! Los *terços* se encaraman sobre los hombros de los *dosos* y ya se alzan tres pisos. Cuando faltan cinco pisos para culminar el *castell*, comienzan a redoblar los timbales y a sonar las *gralles*, una especie de chistu, que van a marcar el ritmo del *castell* y a informar a los componentes de éste en qué punto se encuentra la construcción. La muchedumbre enmudece. La música va cambiando sutilmente a medida que los pisos se van levantando hasta que el *enxaneta*, el niño o la niña que culmina la construcción, hace la *aleta*, es decir, levanta la mano con la palma abierta. Las *gralles* emiten un característico sonido agudo, los timbales redoblan, la muchedumbre aplaude entusiasmada. *Castell carregat!* ¡Castillo montado! Ahora hay que desmontarlo rápidamente y sin sacudidas porque los *castellers* de los primeros pisos están al límite de sus fuerzas.

Este espectáculo folclórico de origen valenciano arraigó en los pueblos tarraconenses a finales del siglo XVIII y, a partir de la década de 1980, se ha ido extendiendo por toda Cataluña, por el Rosellón francés y por las islas Baleares, en parte, gracias a las retransmisiones en directo de la televisión autonómica catalana. Aparte de la belleza plástica de las construcciones, los *castells* encarnan una serie de valores humanos que han llevado a la Unesco a declararlos Patrimonio Inmaterial de la Humanidad. En efecto, para levantar un *castell* hace falta todo tipo de personas. Los que tienen demasiada edad para subir componen la piña, los más robustos forman los primeros pisos y, a medida que se asciende, se precisan jóvenes ágiles y veloces, y culmina el *castell* un grupo de tres niños, o niñas, que no suelen superar los 10 años. Con los pies en el suelo, el más sabio, el más sereno, el *cap de colla*.

p. 241
Arriba: izquierda, jornada *castellera* de las fiestas de Santa Tecla en Tarragona; derecha, los Castellers de Sants cargan un *tres de nou*. Abajo, el *enxaneta* de los Xiquets de Tarragona hace la *aleta* levantando la mano abierta, culminando así el *castell*.

pp. 242-243
Izquierda, los Minyons de Terrassa descargan un *quatre de nou*; derecha, los Xiquets de Valls culminan un *quatre de nou* en la plaza rival de Vilafranca del Penedès.

CASA CONSISTORIAL

El Rocío
El Rocío (Huelva)

Dentro de las tradicionales fiestas de primavera que se celebran en España, la del Rocío es, tal vez, la más antigua. Sostienen los eruditos que, ya en época pagana, coincidiendo con el equinoccio primaveral, probablemente se celebraba en la zona de las marismas onubenses algún acto de exaltación a la fecundidad, simbolizada por una divinidad femenina. Ello significaría que el cristianismo simplemente integró los antiguos ritos populares en la nueva liturgia. En cualquier caso, hay que celebrar dicha integración, pues es difícil asistir a un acto religioso en el cual la devoción, el espíritu festivo y las ganas de vivir se manifiesten tan íntimamente asociados y con tanta intensidad. Sin ninguna duda, la del Rocío es una de las romerías marianas más populares del mundo. El día más importante de la celebración, el domingo de Pentecostés, la aldea de El Rocío, de 2.000 habitantes, se convierte en la tercera ciudad de España, con sus 1.300.000 de romeros y visitantes. Si bien la romería formalmente dura dos días, la fiesta comienza mucho antes, en el camino hacia Almonte, el municipio del cual depende El Rocío. Los romeros emprenden el camino a pie, a caballo o en cientos de carretas tiradas por bueyes y adornadas con flores y cintas de colores, que recorren las marismas en dirección a la ermita de la Santa Paloma, tal y como llaman también a la Virgen del Rocío. De día, las carretas sirven de medio de transporte de los romeros, sus vituallas y sus pertenencias; de noche, se convierten en dormitorio. Los hombres visten de corto, con chaquetilla campera, sombrero cordobés y botas mientras que las mujeres llevan vistosas faldas rocieras. El sábado, vigilia de Pentecostés, a partir de las doce de la mañana se celebra la Presentación de las Hermandades, un acto durante el cual éstas desfilan frente al santuario en orden inverso a su antigüedad y rinden pleitesía a la Virgen con su Simpecado. El domingo por la mañana, a las diez, se celebra la misa en el Real. En los alrededores, suenan las guitarras, los romeros cantan y bailan en *tablaos* improvisados, los jinetes se exhiben a lomos de sus enjaezados caballos, se come, se bebe y se vive. Al alba del lunes, los mozos almontanos, y sólo ellos, saltan la reja de la ermita para pasear a la Virgen frente a cada una de las hermandades, que le cantan una salve. Por la tarde se devuelve la imagen a la ermita y los romeros emprenden el camino de vuelta. Ha acabado esta manifestación de religiosidad popular, tan alejada de la severidad de otras formas litúrgicas, como las procesiones de Semana Santa.

p. 245
Arriba, carretas camino del Rocío. Abajo, izquierda, dos romeros bailan sevillanas en un alto en el camino; centro, un carruaje pasa frente a la ermita de la Blanca Paloma; derecha, salida de una hermandad del Rocío.

pp. 246-247
Los romeros pugnan por tocar la Blanca Paloma.

Semana Santa

Las procesiones de Semana Santa son, en esencia, la escenificación de la Pasión y muerte de Jesús mediante imágenes de gran realismo transportadas sobre parihuelas por los nazarenos, que piden así el perdón de sus pecados en un público acto de penitencia. El origen de la mayoría de las procesiones de Semana Santa está en el Concilio de Trento (1545-1563), en el cual la Iglesia se defendió de la Reforma protestante mediante cambios radicales en la liturgia e, incluso, en la construcción de las iglesias, que encontraron en el Barroco la magnificencia y solemnidad con que se quiso rodear a los oficios religiosos. En un principio, estas procesiones eran simples vía crucis, una forma simbólica y sencilla de escenificar la muerte de Cristo. No obstante, pronto la devoción a algunas advocaciones de la Virgen o a alguna imagen especialmente querida por la feligresía fue haciendo cada vez más complejas las procesiones, más ricos los pasos y más numerosas las cofradías o hermandades que desfilaban en ellas. En la actualidad y a pesar de la cada vez mayor laicidad de nuestra sociedad, las procesiones de Semana Santa no han perdido importancia; más bien, al contrario, cada vez están más concurridas e, incluso, algunas asociaciones de andaluces o de hijos de andaluces han recreado sus propias procesiones en comunidades autónomas que tradicionalmente no las celebraban. Sin duda, la Semana Santa de Sevilla es un espectáculo inolvidable. La devoción que sienten los sevillanos por algunas de sus imágenes, como la Macarena, el Cristo del Gran Poder o la Virgen de la Esperanza de Triana, se traduce en fervorosos vítores y en las tradicionales saetas que rasgan el aire primaveral de la *madrugá* sevillana. Las procesiones de Semana Santa de Valladolid, por su parte, se celebran desde 1498, es decir, desde antes del citado concilio trentino, si bien alcanzaron su máximo esplendor en los siglos XVI y XVII. Destaca la calidad artística de sus pasos, con imágenes de los grandes escultores de la escuela castellana, como Juan de Juni, Francisco del Rincón o Gregorio Martínez. También las procesiones de Cartagena, que comienzan en la madrugada del viernes de los Dolores y duran hasta el domingo de Resurrección, exhiben pasos de grandes escultores, como Juan González Moreno, José Capuz, Francisco Salzillo o Mariano Benlliure. Es especialmente impresionante el orden de los nazarenos, que desfilan al unísono al ritmo marcado por los tambores.

p. 249
Izquierda: arriba, procesión de Málaga; centro, Semana Santa en Valladolid; abajo, costaleros cargando un paso en Málaga. Derecha: arriba, paso de la Esperanza Trianera en Sevilla; abajo, la cofradía de Jesús Nazareno durante la Procesión de los Borrachos en Zamora.

pp. 250-251
Una procesión de Sevilla pasa bajo el arco de la Macarena.

Feria de Abril
Sevilla

Paradójicamente, los creadores de una de las manifestaciones populares más inequívocamente andaluzas fueron un vasco, José Ybarra, y un catalán, Narciso Bonaplata. En efecto, ellos, a la sazón concejales del Ayuntamiento, elevaron en 1846 una propuesta para la celebración de esta feria que se inauguró unos meses más tarde, el 18 de abril de 1847, previa autorización de la reina Isabel II. Si bien en principio tenía un carácter esencialmente agrícola y ganadero, ya en su primera edición el recinto ferial disponía de establecimientos de hostelería. En palabras de Ybarra, «se pusieron diecinueve casetas, que vendían buen vino traído de Valdepeñas, así como en otras casetas se vendía mucho aguardiente de Cazalla [...] Hubo dos dedicadas a los señores viajantes, una, en el Real, llamada Fonda de los arados y también La Hostería, y otra, junto a la Puerta de San Fernando (La Fonda)». Muy pronto, la Feria fue perdiendo su carácter rural para convertirse en un acontecimiento urbano, la principal fiesta de primavera de Sevilla. En la actualidad, la Feria ha adquirido tal magnitud que la vida de la ciudad se organiza en función de ella y no sólo durante los 10 días que dura: los trabajos para su preparación comienzan ya en otoño. Las cifras son vertiginosas. En la edición de 2010, en plena crisis económica, el recinto ferial, iluminado por 370.000 bombillas, contaba con una superficie de 1.200.000 m^2, 15 calles y 24 manzanas, en las cuales se distribuyeron 1.047 casetas en que se consumieron 1,7 millones de botellas de fino. La Feria fue visitada por más de 1 millón de personas. Un estudio de la Universidad de Sevilla cifró su impacto económico en 675,5 millones de euros, es decir, el 3,48 % del producto interior bruto de la ciudad. Sin embargo, las cifras son demasiado frías para describir el gran estallido de alegría que conlleva la Feria, la elegancia de los jinetes, con traje campero y sombrero de ala ancha, llevando en la grupa, como enormes flores multicolores, a las muchachas con bata de *faralaes* y un clavel reventón en el pelo. Hay que pasearse por el Real, entrar en las casetas de lona, a rayas rojas y blancas o verdes y blancas, para beber fino, regalarse unas tapas, bailar una sevillana; hay que extasiarse contemplando el desfile de coches de caballos y vivir la magia de una corrida en la Maestranza cuando el duende decide bajar al albero y se apodera de toros y toreros...

p. 253
Arriba: izquierda, un carruaje engalanado pasea por el Real; derecha, un grupo de mujeres vestidas de *faralaes* charlan frente a las casetas. Abajo, vista aérea de las atracciones de la calle del Infierno.

pp. 254-255
Izquierda, entrada al Real; derecha, una pareja de caballistas pasean por la Feria.

NO8DO

Sanfermines
Pamplona

Entre el «chupinazo», el cohete lanzado por un feliz miembro del consistorio pamplonica el 6 de julio a las doce en punto del mediodía, y el *Pobre de mí*, la canción entonada por los desolados mozos y mozas congregados en la plaza del Ayuntamiento el 14 de julio a medianoche, se suceden ocho días de excesos, alegrías, sustos y, sobre todo, de alcohol, mucho alcohol. Después del chupinazo, miles de mozos y mozas acompañan a la comitiva formada por los concejales y el alcalde hasta la capilla de San Fermín, bailando acompasadamente al ritmo del *Riau Riau*, letanía que entonan con la música del vals de Miguel Astráin. Cada día, la fiesta comienza con el encierro de los toros que se lidiarán por la tarde. Cuando el reloj de la iglesia de San Cernín señala las ocho en punto de la mañana, se lanzan dos cohetes. El primero es el llamado «de los cobardes»: los valientes esperan al segundo para comenzar a correr. A continuación, los toros y cabestros salen de los corralillos de Santo Domingo, enfilando tras los mozos en dirección a los toriles de la plaza. Es una carrera de 825 m que dura entre 3 y 4 adrenalíticos minutos, cuando el encierro es «limpio», es decir, cuando los toros corren agrupados rodeados por los cabestros. Cuando las cosas se tuercen, esto es, cuando alguna res queda aislada del resto de la manada, el encierro puede durar hasta 10 minutos. Un toro descolgado puede provocar situaciones muy peligrosas puesto que, mientras que está en tropel, sólo piensa en seguir a la manada, cuando está aislado, quiere defenderse del peligro que para él representa la multitud de mozos y lo hace, evidentemente, atacando. Por la tarde se torean las reses del encierro en una plaza llena hasta la bandera de pamplonicas y forasteros que comen y beben en un ambiente dionisíaco, pagano, excesivo. Entre encierro matutino y corrida vespertina (y viceversa) se continúa comiendo, bebiendo, bailando y hay quien, incluso, duerme un poco, pero muchos de los mozos acuden al encierro sin haber pegado ojo durante toda la noche. Cada año, los antitaurinos celebran un encierro ficticio, corriendo totalmente desnudos y portando pancartas contra la fiesta. Con su tradicional sentido del humor, los pamplonicas han incorporado la manifestación a los actos de la fiesta. También en los últimos años se celebra el Guiri Day, en el que se elige al Guiri del Año, es decir, el extranjero que ha destacado por su amor a la fiesta. Como no podía ser menos, el acto acaba con una gran comilona a la cual asisten los guiris de años anteriores.

p. 257
Arriba, el chupinazo señala el comienzo de la fiesta. Abajo: izquierda, mozos y mozas se recuperan de los excesos y las emociones; derecha, llegada a la plaza de los toros del encierro.

pp. 258-259
Mozos y toros en el encierro matutino.

INMOBILIARIA
SAN FERMIN
SAN FERMIN

Moros y Cristianos

Corría el año 710. Los árabes, galvanizados por la nueva religión predicada por el profeta Mahoma, ya habían conquistado el norte de África. Finalmente, el mes de julio del año 711, un ejército de 7.000 hombres, compuesto esencialmente por bereberes, cruzaba el estrecho de Gibraltar y, tras derrotar a las tropas del rey godo Rodrigo en la batalla de Guadalete, vieron abiertas las puertas de la conquista de la península Ibérica. Ésta fue extraordinariamente rápida gracias a la descomposición del reino visigodo y la colaboración de sectores de la población cristiana. Al igual que en los episodios de *Astérix* (que no en la auténtica Guerra de las Galias), en el año 756 sólo un pequeño territorio de irreductibles cristianos continuaban resistiendo en Asturias, al mando de don Pelayo. Durante más de siete siglos, los conflictos entre los diferentes reinos cristianos y los musulmanes marcaron la historia de España y Portugal. El legado musulmán en España es evidente, no sólo en los grandiosos monumentos que en ella dejaron, como la Alhambra, la mezquita de Córdoba o los numerosos edificios con elementos mozárabes, sino también en la propia lengua española, en la cual el 17 % del léxico es de origen árabe. También hay que buscar en la ocupación musulmana el origen de las fiestas de Moros y Cristianos que se celebran en más de doscientas localidades españolas de Andalucía, Aragón, Baleares, Castilla, Cataluña, Extremadura, Galicia, La Mancha, Navarra y Valencia. Sólo en la provincia de Granada, tal y como corresponde al último bastión de los sarracenos en la Península, hay 28 localidades que celebran fiestas de Moros y Cristianos. Con el tiempo han perdido su significado religioso e histórico y han adquirido un señalado carácter carnavalesco y festivo. Por lo general se basan en formaciones de guerreros lujosamente ataviados, que desfilan al son de la música, ejecutando pasos de gran vistosidad. La batalla se ritualiza, escenificando el enfrentamiento de los dos bandos al mando de sus capitanes y con la defensa de un territorio. En muchas ocasiones, los moros cometen alguna fechoría que los cristianos no tienen más remedio que castigar, como el robo de la imagen del santo patrono de la localidad. Los episodios suelen acabar con la victoria de los buenos, que curiosamente son casi siempre los cristianos. Lleida es una excepción a la regla. En efecto, en consonancia con el tradicional pactismo catalán y para no agraviar a la importante comunidad marroquí de la ciudad, cada año la victoria corresponde a un bando diferente.

p. 261
Fiesta de Moros y Cristianos de Alcoy (Alicante) y Pollensa (Mallorca), abajo a la derecha.

pp. 262-263
Diferentes aspectos de la fiesta de Moros y Cristianos de Alcoy.

Carnaval
Santa Cruz de Tenerife

Si en la mayoría de lugares de España el Carnaval comienza el jueves lardero y acaba una semana más tarde, el miércoles de Ceniza, el de Santa Cruz de Tenerife, sin ninguna duda, el más famoso y el más participativo de toda Europa, dura unas cuatro semanas. Durante todo este tiempo se suceden en las calles de la ciudad y en locales habilitados para ello bailes multitudinarios que duran hasta el amanecer, concursos de rondallas, de comparsas, de carrozas engalanadas y la proclamación de la reina del Carnaval, todo ello en un ambiente de alegría, de color, de buen humor y de sano regocijo.

La transgresión forma parte de la propia naturaleza del Carnaval. Todas las sociedades celebran fiestas de este tipo, en que el orden social se subvierte, los amos sirven a los esclavos, las mujeres se convierten en alcaldes, las identidades se ocultan detrás de máscaras y de disfraces, los roles sexuales se invierten y el anonimato permite todo tipo de libertades y de excesos.

Los Carnavales que se celebran en Europa tienen bastante parecido con algunas fiestas romanas de invierno, como las *kalendæ Ianuariæ* romanas, en que se formaban comparsas disfrazadas que se burlaban de instituciones y personajes relevantes de la ciudad. En aquellas sociedades donde el cristianismo ha tenido un papel influyente, tal y como es el caso de España, el hecho de que Carnaval se celebre justo antes del comienzo de la Cuaresma, tiempo de ayuno, recogimiento y penitencia, subraya todavía más su carácter transgresor. Esta subversión del orden establecido, aunque sea realizada de forma lúdica y temporal, nunca ha gustado ni a la Iglesia ni a los dictadores. Ya en 1930 el general Miguel Primo de Rivera intentó limitar los excesos del Carnaval de Santa Cruz de Tenerife, pero durante los años oscuros del franquismo parecía que iba a desaparecer para siempre. Camuflado como Fiestas de Invierno, el Carnaval chicharrero sobrevivió mal que bien hasta el restablecimiento de la democracia, en que renació con más gloria, más colorido, más riqueza y más alegría que nunca. Las Fiestas de Invierno contaban ya con un concurso de rondallas y otro de carrozas engalanadas, pero a partir de 1965 apareció uno de los elementos más atractivos del Carnaval: las comparsas. Estas agrupaciones de hombres y mujeres disfrazados cantan y bailan desfilando por las calles, siguiendo una coreografía muy bien ensayada. Claramente inspiradas en el Carnaval carioca, son realmente deslumbrantes y se han convertido en todo un símbolo del Carnaval y de la propia ciudad de Santa Cruz de Tenerife.

p. 265
Arriba, la plaza de España de Santa Cruz de Tenerife en pleno Carnaval y desfile de una comparsa con sus componentes disfrazados de Obélix. Abajo, elección de la Reina del Carnaval.

pp. 266-267
La Reina del Carnaval y desfile de una vistosa comparsa.

Las Fallas
Valencia

Las Fallas se inscriben en la larga tradición mediterránea de las fiestas de primavera que celebran el equinoccio de marzo, el renacer de la naturaleza, purificada por el fuego, el adiós al invierno, a todas las cosas viejas que van a arder en la hoguera. Afirman algunos estudiosos que tienen su origen en la gran fiesta que cada año organizaban los carpinteros el día de San José, en que quemaban los restos de madera inútiles para dejar sus talleres limpios de polvo y paja, dispuestos a comenzar la nueva temporada. Otra versión, relacionada también con los carpinteros, apunta al hecho de que éstos cubrían con ropa los *parots*, es decir, los candiles con que se alumbraban en invierno y los colgaban en las puertas de las casas con notas chuscas alusivas a sus habitantes. Estos muñecos derivaron en los maravillosos y efímeros *ninots* de las Fallas.

Esta fiesta no sólo se celebra en Valencia, sino también en numerosas localidades de la Comunidad Valenciana, si bien en la capital adquieren mayor relevancia. En Valencia se celebran durante la llamada semana fallera, del 15 al 19 de marzo. El día 15 se produce la *plantà*, es decir, la instalación del monumento fallero con los *ninots* (monigotes) que los maestros *ninotaires* han ido elaborando durante todo el año. Mientras tanto, cada comisión fallera ha ido presentando su candidata a Fallera Mayor de Valencia, que será elegida por varios jurados tras un largo proceso. La Fallera Mayor, un título al cual aspira toda valenciana, presidirá las fiestas junto con su Corte de Honor, compuesta por las otras 12 finalistas. Durante la semana fallera, el día comienza con la *despertá* a cargo de los falleros que despiertan a los vecinos con sus petardos y sus bandas de música. No es ésta la única actividad pirotécnica de la fiesta. Cada noche se prenden espectaculares castillos de fuegos y *mascletaes*, la explosión en cadena de *masclets*, un pertardo extraordinariamente ruidoso. Durante toda la semana, los valencianos celebran ruidosos bailes y se pasean admirando las hilarantes parodias representadas por los *ninots*, que caricaturizan despiadadamente la actualidad. El día 19 a medianoche se prende fuego a las fallas en un espectáculo grandioso, no sin antes haber indultado al *ninot* elegido por sufragio popular, que será exhibido en el magnífico Museo Fallero.

Al día siguiente, comisiones falleras y *ninotaires* ya comienzan a trabajar en la preparación de la siguiente *cremà*, en un ciclo que se repite año tras año, como la llegada de la primavera.

p. 269
Arriba, imagen de Nuestra Señora de los Desamparados y la ofrenda floral; en el centro, Museo de la Fiesta Fallera; abajo, una falla satiriza el conflicto suscitado por las mujeres que pretendían pescar en la Albufera y, a la derecha, el desaforado barroquismo de una falla.

pp. 270-271
Las llamas acaban con el trabajo de todo un año.

TINTA D'IMPRIMIR
KODAK
VALENCIA
ULTIMA HORA
QUI AD ELLES LI COMPRE PEIX EL NOSTRE ¡NI SE'L MEREIX!
ALBUFERA

Flamenco

Cuando apareció el término «flamenco» en el siglo XVIII, éste se refería a un conjunto de cante, baile y toque que había reunido en fecunda fusión todo tipo de músicas tradicionales andaluzas y gitanas, con una innegable influencia arábiga. En sus creaciones, los artistas flamencos han oscilado desde siempre entre dos polos: unas estructuras muy rígidas, los llamados palos, y la improvisación al albur de la personal inspiración del artista o de la influencia de otras músicas no «homologadas» por los puristas. En cualquier caso, la improvisación, como en tantas otras manifestaciones musicales populares, es un factor determinante en la interpretación flamenca. Además, la globalización de la cultura, especialmente la de la música, y la imparable influencia de los ritmos *pop* procedentes de los países anglosajones y los latinos, procedentes de la América hispana, están generando una nueva fusión frente a la cual los puristas poco pueden hacer. Todo intento de encorsetar el flamenco se ve desbordado por la creatividad de unos intérpretes para quienes la libertad es la pura esencia de su arte. Así, músicos como Triana, Ketama, Rosario o Paco de Lucía no han dudado en incorporar ritmos roqueros a sus creaciones o grabar discos con artistas de *rock* o de *jazz.*

Como toda música popular, el flamenco no ha nacido con vocación de espectáculo, sino de fiesta improvisada en la cual todos participan poco o mucho según sus capacidades. El flamenco en estado puro difícilmente se va a encontrar en un escenario. Su espacio natural es la boda gitana, la caseta de la Feria, la romería del Rocío o la desordenada reunión de intérpretes alrededor de unas botellas de fino.

Con todo, el buen aficionado al flamenco que no tenga ocasión de asistir a una boda gitana, siempre tiene la posibilidad de afiliarse a una peña flamenca, donde todos son bienvenidos, y en las cuales suelen producirse momentos de auténtico «duende», este estado de gracia que toca a intérpretes y asistentes en gloriosa comunión con la música y el baile. Otra opción más convencional es asistir a los festivales que se celebran por todo el país, como el Festival Internacional de Cante de las Minas de la Unión (Murcia) o el de los Veranos del Corral, en Granada, que también da pie a una visita a las famosas cuevas gitanas del Sacromonte. Una tercera opción son los *tablaos* estables, como el del Corral de la Morería, en Madrid, considerado el mejor del mundo y por el cual han desfilado las grandes figuras de todos los tiempos.

p. 273
Arriba: Celia Gómez y Antonio Canales en la obra *Cayetana, su pasión* y Tomasa Guerrero Carrasco, *La Macanita*, durante una actuación en Sevilla; abajo, *tablao* Los Gallos en el sevillano barrio de Santa Cruz. Derecha, el cantaor Antonio Núñez, *El Chocolate*, acompañado a la guitarra por Antonio Carrión.

pp. 274-275
Izquierda, espectáculo flamenco en una cueva del Sacromonte; derecha, una actuación del bailaor Juan Manuel Fernández Montoya, *Farruquito*.

gastronomía

Gastronomía

Lo dijo George Bernard Shaw: «no hay amor más sincero que el amor a la comida». La historia de la cocina popular que, en palabras de Josep Pla, es el arte de poner el paisaje en la cazuela, no podía menos que ser extraordinariamente diversa en la piel de toro. En efecto, durante generaciones y generaciones, las amas de casa han desarrollado una sabiduría antigua y, haciendo de la necesidad una virtud, han convertido unos recursos históricamente escasos en platos que, más allá de la pura subsistencia, constituyen creaciones de alta cocina. Esta sabiduría, esta imaginación, corre en paralelo a la diversidad de los climas y paisajes de la península Ibérica. La cocina española, con su variedad, lo tiene todo para seducir. Podríamos hablar de cocina mediterránea, de la gran cocina de la abundancia de la costa cantábrica y atlántica, de la cocina de los cazadores y pastores de la meseta castellana o de los caprichos de la cocina andaluza. Todo cabe en la gastronomía española.

Excepto algunas especialidades, como el cochinillo asado segoviano, la mayoría de platos populares responden al principio de utilizar las proteínas de origen animal, carnes y pescados, tradicionalmente más escasas, como condimento de una base de más fácil obtención. Esta base puede ser un cereal, una legumbre o un tubérculo. Los cereales nos ofrecen una infinidad de deliciosos arroces, desde la paella valenciana hasta el surtido de arroces con carne (conejo, pichón, pollo, etc.). También nos han dado el plato que ha elevado a la suprema nobleza la humildad del mendrugo de pan seco: las migas castellanas, andaluzas o extremeñas. Otra base es la legumbre, como las alubias, lentejas, habas, guisantes y garbanzos, por lo general, sazonadas con la gozosa presencia de los productos de la matanza (tocino, chorizos o morcilla), o de frutos del mar, como el brillante hallazgo de las fabes con almejas de Asturias. También las legumbres intervienen en los contundentes cocidos, a la madrileña, a la maragata, en los potes gallegos o las *escudelles* catalanas. Los tubérculos, concretamente la patata, son la base de las calderas. Las hay de carne de cordero (la caldereta de pastor), de cerdo o de ternera (el surtido de estofados) o de conejo (los magníficos salmorejos canarios). También las hay de pescado y entonces tenemos las calderetas baleares, los *suquets* catalanes, las zarzuelas o los *marmitakos* vascos. Capítulo aparte merecen las sopas frías, como el gazpacho y el salmorejo, el ajoblanco, unas realizaciones culinarias perfectas para los calurosos veranos andaluces y extremeños. Un rey de la cocina española: el jamón. Elaborado, en principio, como método de conservación de la pata del cerdo, ha devenido un lujo gastronómico, una de las exportaciones españolas más valoradas en el extranjero. Y mención aparte merece la gran estrella de la gastronomía española, la más alegre y traviesa, las tapas. Destinadas en principio a acompañar (y estimular) el jubiloso bebercio, se han convertido en protagonistas absolutas de la cocina caprichosa, sea en forma del *pescaíto* frito andaluz, de pulpo gallego, de montadito vasco...

p. 299
Los grandes restaurantes precisan de un gran número de cocineros que cuiden hasta el mínimo detalle.

Tapas

La tapa ha pasado de ser una «pequeña porción de algún alimento que se sirve como acompañamiento de una bebida», tal y como la define el diccionario de la Real Academia Española, a protagonizar una forma de entender la gastronomía. Si bien hay platos específicamente elaborados para ser consumidos como tapas, la mayoría de creaciones gastronómicas pueden adaptarse a este cometido. Hoy día, cada comunidad autónoma posee sus propias especialidades que pueden ser degustadas, no sólo como aperitivo, sino también como auténtico condumio principal.

p. 300
Algunos locales han convertido las tapas en su mejor argumento para atraer clientes.

p. 301
No hay más límites a la creación de tapas que la imaginación del cocinero y la exigencia de los propios clientes.

Cocina tradicional

Como todas las cocinas populares, la española se ha basado en dos principios: por un lado, el máximo aprovechamiento de unos ingredientes escasos y, por otro, la sabiduría acumulada por generaciones, sobre todo de mujeres, que a lo largo de los siglos fue transmitiéndose de madres a hijas en la elaboración de esos platos sencillos que hoy forman parte de la cocina tradicional y que se caracterizan por ser comida buena y barata.

p. 302
Huevos fritos con chorizo.

p. 303
De izquierda a derecha y de arriba abajo:

Jamón serrano.

Queso Idiazábal.

Sopa de ajo.

Fabada asturiana.

Paella de marisco.

Migas de pastor.

Merluza en salsa verde.

Pollo al chilindrón.

Cochinillo asado.

ARTZAIAREN
GAZTA

Cocina creativa o de autor

En las dos últimas décadas, España ha sido escenario de un profundo movimiento de renovación gastronómica de la mano de una auténtica constelación de chefs, con figuras emblemáticas como Ferran Adrià, Juan Mari Arzak, Martín Berasategui y Santi Santamaría. Para elaborar sus creativos platos utilizan nuevas tecnologías (como la cocción al vacío, la esferificación o el microondas), pero sobre todo aplican lo que podría denominarse «fantasía gastronómica», es decir, la capacidad de imaginar nuevas combinaciones de alimentos y técnicas para crear auténticas obras de arte en exquisitas mezclas de sabores y texturas.

p . 305

De izquierda a derecha y de arriba abajo:

Ensalada de ostras y percebes gelatinizados con sorbete de espárragos blancos.

Espárragos con mollejas y vinagreta de trufa.

Flor de calabacín rellena de brandada de bacalao.

Charlota de tomate *raf* con langosta y vinagreta de zanahorias tiernas.

Gazpachuelo de merlucilla con azafrán y crema agria.

Ventresca de atún al amontillado con manzana y ruibarbo.

Lomo de buey del valle del Esla a la brasa, con migas a la trufa, royal de foie-gras y alcachofas.

Caneton confitado con peras y granadas.

Lubina en toronjil con ajetes en *tempura*.

Vinos y cavas

Según los historiadores, los límites del vasto Imperio romano coincidieron con la difusión de la vid. Aunque los romanos no inventaron los procesos de vinificación, fueron ellos quienes introdujeron el cultivo de la viña y la elaboración del vino en todos los territorios bajo su administración.

En las últimas décadas, España se ha convertido en elaboradora de caldos apreciados por los sumilleres de todo el mundo. El esmero de nuestros viticultores y el buen hacer de nuestros bodegueros han situado nuestros vinos en las cartas de los mejores restaurantes de países tan exigentes como Francia o Estados Unidos.

p. 306

La primera preocupación del viticultor: la calidad de la uva, materia prima indispensable para elaborar buenos caldos.

p. 307

De izquierda a derecha y de arriba abajo:

Campo de viñedos en la Rioja alavesa.

El momento más esperado: la vendimia.

Proceso de selección y prensado automatizado en las bodegas Marqués de Riscal, en la Rioja alavesa.

Vinos de la Regalía de Ollauri madurando en barricas de roble.

Los vinos espumosos finalizan su fermentación en botella. Vista de las bodegas Cavas Torelló.

SPAIN
reasons for visiting

Contents

Preface

Juan Eslava Galán

In the 18th century, it was fashionable among the English aristocracy to take the 'grand tour', a trip to France and Italy which was considered essential education for the young of well-to-do families before marrying them off and introducing them to society. Spain was left out of this tour, as it was considered almost African, a barbarous and comfortless country devoid of attractions.

The decline of the aristocracy of the *ancien régime* and the rise of the bourgeoisie at the beginning of the 19th century led to Spain's inclusion in the tour when the French and English, having ventured there by chance as a result of the Napoleonic Wars, discovered to their amazement an attractive country that outdid the rest of Europe in the variety of its scenery and in its remains of past cultures and which furthermore was a treasure chest of wonderful monuments and folk traditions.

A series of romantic travellers, in particular Washington Irvine, Richard Ford, George Borrow, Charles Davillier, Théophile Gautier and Prosper Merimée, made the beauty of our country known abroad, at times reflected in the distorting mirror of an exaggerated Orientalism that coined commonplaces which today are a thing of the past: atrocious roads good for little more than goats, abominable inns infested with bedbugs and food drenched in rancid oil that was not acceptable to the refined palate. Today, these things have changed completely. Spain leads Europe in communications (motorways and high-speed trains), in hotels (with excellent value for money) and Spanish cuisine is well known and highly appreciated and has even managed to export a way of eating beyond our borders that is based on the *tapas* of the south and the *pinchos* of the north.

In the photographs and texts on the following pages, readers can enjoy a tour of the varied Spains, that kaleidoscope of sensations, colours, flavours and scenery that go to make up our astonishing diversity. In the course of its 62 carefully chosen sections, you can plunge into the extraordinary wealth of a country in which the traveller can spend the morning skiing in the snows of Sierra Nevada and swim in the afternoon in the warm waters of the beach at Motril; a country in which on a single day's exploring in Seville the visitor can take in what the chronicler Luis Peraza called 'the finest *cahíz* of land in the world': a Roman city, Italica; a Muslim palace, the Reales Alcázares; a Gothic cathedral, the Iglesia Mayor (with the most beautiful Almohad tower, the Giralda); an Italian Renaissance palace, the Casa de Pilatos; and a remarkable collection of Baroque churches.

On the pages that follow we shall be travelling from the Canary Islands to the lush green of the Cantabrian coast and to the secluded beaches of the Costa Brava; we shall be comparing cultures which were once enemies but which now complement one another in the Islamic city of Madinat al-Zahra and in the Alhambra in Granada, in the Pre-Romanesque churches of Asturias or of the Catalan Pyrenees. We shall marvel at the artistic variety we find in Spain, from the prehistoric paintings of Altamira, wonderfully reproduced in their neo-cave, to the grand masters of the Prado, the best collection of art in the world. As regards the architecture, where can we find more variety than in the medieval town of Santillana del Mar and the futuristic constructions of the Bilbao Guggenheim, the cave dwellings of Guadix and the temple of the Sagrada Família in Barcelona, apart from the compendium of Classical, Romanesque, Gothic, Renaissance, Baroque, Neoclassical and Modern art and all of their many regional variants?

If we look at the folklore, the variety is staggering: different versions of Easter Week (compare Seville and Zamora, for example), countless fairs and pilgrimages, Sanfermines, Moors and Christians, human towers, carnivals...

And finally, the wealth of the cuisine. In just one corner, Huelva, we can find three delicacies that are difficult to beat anywhere else in the world: Jabugo ham, the deepwater rose shrimp and Lepe strawberries. If we widen our sights we can take in the admirable synthesis of the *paella*, in which land and sea are united, the refreshing *gazpacho*, the thousand variations of the inland *cocido* and the coastal *caldereta*...

This is a country that must be savoured, and one which this book, without further delay, will open up to us.

Introduction

Albert Ollé

There are a thousand reasons, a thousand excuses, a thousand pretexts for visiting this old bullhide of ours. Spain is a miniature continent; an extensive miniature, for sure, and the misty Galician Cantabrian bears little comparison with the dazzling Mediterranean light of Málaga, nor the imposing high mountain landscape of the Picos de Europa with the devastating flatness of the Castilian plateau, nor the ravaged landscape of Timanfaya with the ultra-civilised French-style gardens of Aranjuez. A single example from the film world is enough to illustrate the diversity of Spain's climate and scenery: in 1962 *Lawrence of Arabia*, set in the Arabian desert, was filmed in Almería, and three years later, in 1965, scenes of the Siberian winter for *Doctor Zhivago* were shot in Soria province.

The biggest difficulty facing the writing of this book has been the choice of places. Leaving out so many towns, so many landscapes, so many cherished and admired monuments has been painful, but what alternative was there when dealing with a country with thousands of miles of coastline, with a territory loaded with more history than geography? In putting together this anthology of places to visit we have followed the most eclectic criterion possible. We have tried to include the different motivations that drive the traveller to choose one destination rather than another, as everyone opts for the type or types of tourism that best suit their interests. The different articles are therefore arranged by subject matter.

The first main section is dedicated to nature and the landscape. A landscape is the product of a series of geological phenomena which create the orogenic base or relief. This base will subsequently be affected by climate factors that modify the relief by erosion and create rivers and lakes and condition the flora and fauna. The last step in the creation and, unfortunately in many cases, in the destruction of landscapes is the action of man. This section includes four of Spain's national parks: Doñana, Timanfaya, Picos de Europa and the Maritime and Terrestrial National Park of the Atlantic Islands of Galicia. Basically, a natural park is an area of great ecological value in which the action of man is reduced to a minimum. The only farming and stock-raising activities allowed there are traditional ones that respect the environment and are clearly sustainable. This section also includes three cultural landscapes; that is, three areas in whose exceptional beauty the hand of man has played a part: the valley of the Jerte, the palm grove at Elx and the Roman mines at Las Médulas. The last two are included in UNESCO's World Heritage list. The section on landscape and nature closes with three geological curiosities: the cave of El Drac in Mallorca, the Montserrat massif, Catalonia's sacred mountain, and the Enchanted City in Cuenca.

The second section covers nine Spanish towns with a particular charm of their own. While the fundamental element in the section on landscapes was the geography, here we have to look at the history that has done so much to shape these towns. The immense majority of Spanish towns and villages have at some point in their history formed part of a frontier land, either between the Christian and Muslim kingdoms, between the Christian kingdoms of Castile, León, Navarra and Aragon or else between Saracen taifas. This has made itself felt in the actual emplacement of the towns, on easily defended high ground, and in the structure of the urban layout, frequently surrounded by defensive walls and presided by an imposing castle. This section includes the towns of Ronda, in Málaga province, Albarracín, in Teruel province, and Morella, in Castelló province. Another type of town selected is the seaport. Life in coastal towns hinges on the sea, on which they have always depended for their subsistence, either in the form of fishing or through the possibilities for trade that followed from the presence of a port in periods when navigation was the best form of large-scale goods transport. At the same time, the sea that provided their life and wealth was also a serious threat, as from the sea came devastating pirate raids and invasions by enemy armies. The seaports selected are Combarro and its *horreos*, in Pontevedra; Menorca's Ciutadella, with its delightful port, and bohemian Cadaqués, on Girona's Costa Brava. To end this section we have the aristocratic Santillana del Mar, in Cantabria; Aranjuez, with its royal palace and Guadix, with its extraordinary cave dwellings.

The section on heritage is also closely related to history, which has left us the architectural monuments included here, if we are allowed the license of calling the Altamira caves 'architecture', as they don't quite fit the definition of this discipline in the dictionary of the Real Academia Española. The section includes prehistoric monuments like Altamira and Roman ones like the aqueduct in Segovia, one of the most spectacular constructions from this period, or the splendid theatre in Mérida, a 'living' monument which is the setting every summer for Mérida's Festival of Classical Theatre. From the Middle Ages we have the amazing walls of Ávila, one of the best-preserved walled cities in Europe, if not the best, the monastery of San Juan de la Peña, in Huesca, and the Gothic cathedral in León, 'the most French of all Europe's cathedrals', with its dazzling stained-glass windows. The Real Sitio de San Lorenzo de El Escorial, a royal pantheon, monastery and royal residence, was built in the 16th century, during the reign of Philip II, in a Castilian Renaissance style. More recent is Salamanca's Plaza Mayor, a splendid grouping designed in the 18th century by Alberto and Manuel de Larra de Churriguera. The section ends with the basilica of the Sagrada Família in Barcelona, an extraordinary example of contemporary religious architecture begun in the 19th century, which will be completed, if it's completed, in the 21st century.

The title of the section on other cultures is deceiving. In fact, most of Spain's monuments, if we look at them closely, belong to foreign cultures, people who entered the peninsula as invaders, settled here and became diluted in what we have since referred to as the 'Spanish people', whose descendants we are. Romans, Visigoths, Vandals and Alans could be considered 'other cultures', However, under this specific heading we have decided to gather the 'expelled' cultures, those whose traditions were not allowed to continue in our land: Muslims and Jews. This section therefore includes the testimonials these cultures left us. As far as the Muslims are concerned, two royal palaces have been included: the Alhambra in Granada and the Alcázar in Seville, and also a mosque, the one in Córdoba, not only one of the biggest in Europe but in the whole world, and finally a caliph city, Madinat al-Zahra , built in the 10th century by the first Caliph of Córdoba, Abd-ar-Rahman III *al-Nasir li-Din Allah*. On the Jewish side, out of Spain's many Jewish quarters we have included those of Girona, Hervás and Besalú, as well as the Toledo synagogues of Santa María la Blanca and El Tránsito, both of which have now been turned into Christian churches.

History features once again in the section devoted to Spanish museums. The oldest of all, the Museo del Prado, was built in the 18th century to house the Royal Household's collections of paintings. Later, in the 19th century, following the confiscation of church property, the administrations built provincial museums to house the artistic treasures left behind in the convents by the orders they were expropriated from. This was how the Museo de Bellas Artes de Sevilla started life, in the convent of La Merced, with outstanding collections of the painting of the Siglo de Oro, and also the Museo Nacional Colegio San Gregorio de Valladolid, which houses an extraordinary exhibition of Castilian sculpture. On the other hand, the Museu Nacional d'Art de Catalunya was set up in the 1930s with the object of gathering a representative sample of the Catalan art of the last 1,000 years. Though not really a museum, the church of Santo Tomé in Toledo is also included in this section, as it is home to one of the greatest works of the Spanish Siglo de Oro, *The Burial of the Count of Orgaz*. The section ends with four museums of contemporary art set up in the last decades of the 20th century or the first of the 21st. The Museo Nacional Centro de Arte Reina Sofia, founded as a home for the painting of the 20th and 21st centuries, features Picasso's magnificent *Guernica*. This is followed by a monographic museum devoted to a single artist: the Teatre-Museu Dalí, in Figueres, which exhibits the Surrealist painter's bizarre interior world.

The section on contemporary architecture includes a series of buildings that stand out for their bold design, the intelligent use of new building materials and their fertile dialogue with the surroundings, be they natural or built-up. Public institutions and large multinationals compete to build emblematic buildings that will provide a corporative image for the city or company. Sometimes these buildings are used for cultural purposes, like the spectacular Guggenheim Museum in Bilbao, the Ciutat de les Arts i de les Ciències in Valencia, the Niemeyer Centre in Avilés or the Museo de Arte Contemporáneo de Castilla y León. The 'brand image' criterion also applies in the case of the Marqués de Riscal wine cellars in Elciego (Álava) and the Cuatro Torres Business Area in Madrid. As for Zaragoza's avant-garde pavilion bridge, we can look on it as a gigantic and exceedingly beautiful monument to civil engineering.

Spain has so much diversity, such a wealth of different languages, customs and cultures, that its traditional heritage is inevitably quite exceptional. Every town and village in Spain, however small, has its annual feast in honour of the local patron saint, variously adapted to the solar calendar and to traditional agricultural tasks. There are even cases of abandoned or semi-abandoned villages whose absentee populations return every year for these feast days. Sometimes the celebrations are so lavish and so firmly established that they become a great theatrical event in which all the inhabitants, and sometimes also visitors, become actors and audience at the same time. We see this in the Easter Week processions, which in many Spanish cities organise civil society in brotherhoods that parade through the streets to commemorate the Passion of Christ, in the April Fair in Seville, which is held in an enclosed area, El Real, but whose colourful merry-making takes over the whole city, or in the pilgrimage to El Rocío, where veneration of the Virgin is joyfully tinged with shades of an important pagan feast. The Moors and Christians feasts are also wide open to people joining in. The two sides, lavishly dressed up in keeping with the period, face off in a ritualised war of dances by each camp. For 'Les Falles', in Valencia, the city is divided up into committees which, along with the bands of musicians, form the associative nucleus of the towns and villages of the Valencian coast. Obviously, on the subject of public participation in celebrations, it would be a real sin not to mention the Carnival in Santa Cruz de Tenerife, the closest thing to Rio in Europe, or the great festival of bulls, the Sanfermines, with all its surfeit of alcohol and adrenaline, or two traditional events that have been declared Intangible Cultural Heritage of Humanity by UNESCO: flamenco (song, dance and musicianship) and the human towers of Tarragona province. The section on traditional customs and events closes with a mention of the Saint James's Way, 'an 800-kilometre open-air museum', in the words of Luis Carandell, along which hundreds of thousands of pilgrims have travelled and still do.

Whereas Miguel de Unamuno wrote, 'Some people, sad to say, travel to taste different cuisines', R. J. Courtine, a French 'gastronomad' with whom we fully identify, wrote a work entitled *Around the World in 80 Dishes*. Paraphrasing this title, we could say *Around Spain in a Zillion Dishes*. We have chosen to end this work with a short selection of references to food in this country of ours, where, as the sadly missed gourmet Xavier Domingo said, we cannot speak of 'the cuisine of Spain', but of 'the cuisines of the Spains', using the most plural of the plurals that can be attached to the two words.

Doñana National and Nature Park
(Huelva, Seville and Cádiz)

Located in the south-west of the Iberian peninsula, to the west of the mouth of the Guadalquivir and its marshes, the Doñana National Park and the Doñana Nature Park, with their 105,000 hectares, together make up the largest ecological reserve in Europe. Although there are remains of human occupation since Roman times, the park entered Spanish history when the 7th Duke of Medina-Sidonia decided to build a palace there for his wife, Doña Ana Gómez de Mendoza y Silva, from whom the park takes its name. The landscape has been shaped by the interaction between underground and meteoric aquifers and by the strong sea breezes, which have created the characteristic coastal relief, constantly modified by the shifting dunes. However, the park's biological wealth is chiefly determined by its ecosystem of lakes and marshes, a perfect habitat for an incredibly diverse fauna. The marshes are fed by seasonal rains, water entering from the sea and upwelling from underground aquifers. They are covered with water in spring and winter and dry the rest of the year. From a biological point of view, there is no doubting that the marshes are the park's most interesting ecosystem. Being flooded during the cold months and the nesting period, they are home to hundreds of thousands of migratory birds from the north of Europe. The sight of the sun going down over the marshes in spring, as the birds make the last flight of the day before withdrawing to their nests, is a difficult experience to forget.

Every year, the park's biological wealth attracts ornithologists from all over the world. The park's research and conservation work is financed by a board housing one of the most important research centres in Europe. Nevertheless, despite its declaration as a National Park in 1969, the area is endangered by various environmental threats, such as water extraction for farm use, urban encroachment in recent decades, the El Rocío pilgrimage and oil tanker navigation off the coast, with the constant risk of oil slicks. Finally, the Aznalcóllar catastrophe, in 1998, when several cubic hectometres of liquid acid leaked into the Guadiamar, one of the rivers feeding the park's wetlands, almost caused a terrible ecological tragedy.

Illustrations

p. 17. Spring, sunset over the marshes of Doñana.

p. 18. A sample of the park's rich animal life: Iberian lynx, stag bellowing, imperial eagle's nest, cattle egret and a pair of European bee-eaters.

p. 19. One of Doñana National Park's characteristic ecosystems, the shifting dunes.

Timanfaya National Park
Lanzarote

On 1 September 1730 all hell was let loose in the farmland around Timanfaya, in the south-east of the island of Lanzarote, when about 30 volcanic cones suddenly opened up. For almost six years they spewed lava, *lapilli* and ash, and lava tongues advanced across the country, devouring all before them in fire. As the lava cooled in contact with the air, it solidified to leave a rough rocky surface from which the volcanic cones protrude. The lunar landscape of what are known as the Mountains of Fire is like something out of a science-fiction film, with rivers of lava whose solidified liquid forms are a spectacular sight.

One of the most unusual geological formations to be seen in Timanfaya are the *jameos*, formed where lava tongues advanced across the land towards the sea. In contact with the surrounding air and the cold materials of the earth's surface, the edges of the tongue cooled and solidified, creating a tube through which liquid lava continued to flow. When the volcanic eruption ended, these lava 'wrappings' solidified to form hollow tubes that can reach up to several kilometres in length. The famous Jameos del Agua extend so far out to sea that it has not yet been possible to measure the distance because of the difficulty of supplying oxygen to divers who have tried to explore them. From time to time the roofs of the lava tubes collapse to leave a chaotic landscape, as in the Valley of Tranquillity.

Small cones, known as parasitic cones, also appeared at the foot of the central cone as a result of the enormous pressure of the magma, which was unable to escape through the main volcanic vent. Another interesting volcanic formation are the *hornitos*, miniature volcanoes produced in the lava flow by gases at enormous pressures. There is still volcanic activity at Timanfaya today. Visitors can see this for themselves in the high surface temperature of the Mountain of Fire and in the geysers created by tourist guides when they pour water into cracks in the side of the mountain.

As well as being a paradise for volcanologists, Timanfaya National Park provides an exceptional field of research for biologists, who can follow at first-hand the entire process of colonisation by the flora and fauna that were wiped out by the eruption in the 18th century.

Illustrations

p. 21. Top, Lago Verde, in the municipal district of El Golfo, and a spectacular volcanic formation; bottom, one of the few species of succulent plants adapted to the harsh conditions of the terrain.

p. 22-23. In the foreground, the park's lunar landscape, made up of solidified volcanic material, against a skyline of craters.

Picos de Europa National Park
(Cantabria, Asturias and León)

The geological features present today in the Picos de Europa massif, Europe's largest limestone formation, are the product of a long history of orogenesis and erosion culminating 50 million years ago in the Alpine tectonics with the subsequent folding and considerable increase in height. Since then it has been subjected to processes of erosion by the action of water and glaciations.

Its proximity to the sea (15 kilometres at the nearest point) means that its slopes are very steep. The rivers are therefore fast flowing and cut deep into the limestone relief to form deep canyons. The action of the water has also produced what is called karstification, which occurs when water seeps into the limestone terrain, dissolving the softer material and forming a labyrinth of underground hollows and streams.

Picos de Europa is divided into three massifs separated by rivers that have created deep valleys. The Ándara massif, to the east, the lowest of the three, is bordered by the Deva and Duje rivers.

The central Urrieles massif, bordered by the Cares and Duje rivers, is the highest, with 38 peaks over 2,500 metres, amongst them the highest point in the park, Torre Cerredo (2,646 metres) and the mythical Naranjo de Bulnes (2,518 metres). In the west, the Cornión massif lies between the Sella river and its affluent the Dobra, on the west side, and the Cares, on the east. It is home to a pair of interesting glacial lakes, the lakes of Covadonga, the Enol and Ercina, located at more than 1,000 metres, and the Real Sitio de Covadonga. The two lakes, separated by the Porra de Enol, were formed when the glacier retreated leaving the frontal moraine which acts as a dam and holds back the water.

The Real Sitio de Covadonga, for its part, is a symbol of Spanish Christianity. The shrine was built in the chapel in which Pelagius (Don Pelayo) and his faithful followers spent a night praying to the Virgin (La Santina) for victory against the Muslim hoards besieging them. The church was originally built on a wooden platform that was an extension of the floor of the cave. This platform was supported on pillars attached to the rock wall. Destroyed by a fire in 1777, the reconstruction was repeatedly delayed until after the Spanish Civil War, when it was rebuilt according to the original plan.

Illustrations

p. 25. Top, a typical glacial lake and the rock chapel of Covadonga, set in a cave in the cliff; below, a path leading to the the Covadonga chapel along the spectacular ravine of the river Reinazo.

pp. 26-27. The Urriello peak, or Naranjo de Bulnes, seen from Brecha de los Cazadores.

Maritime and Terrestrial National Park of the Atlantic Islands

(Galicia)

This National Park is made up of four archipelagos with their sea bottoms, located off Galicia's Atlantic coast between the rias of Arousa and Vigo. These archipelagos emerged from the Atlantic during the Precambrian, though their long geological history culminated with the Alpine folding about 60 million years ago. In general, the orography of the islands shows steep relief on the western coasts facing the Atlantic and gentler slopes with long beaches on the eastern coasts facing the Iberian Peninsula. In fact, the islands are the tops of coastal ranges that sank into the sea and were subjected to erosion caused mainly by the action of the sea and the wind. The force of the waves has created large caves in the granite cliffs on the western side of the islands, while the action of the wind has been decisive in the islands' flora, which consists largely of scrub. There are also human-introduced forests of pine and eucalyptus, which have practically 'driven out' the local holm oak. Despite the beauty of their beaches –and of their unbeatable sunsets, probably the most spectacular in Spain–, the islands' chief attraction is their sea bottom. The plankton-laden Atlantic currents well up when they collide with the continental shelf to produce an area of great biological wealth. Divers can marvel at the wonderful underwater scenery, cliffs that plunge in the water to dizzying depths, great meadows of algae and a profusion of fish and crustaceans that conjure up the very best of Galician cuisine: mussels, clams, barnacles, prawns, shrimps and lobsters, spider crabs, sea bass, grouper, sea bream, moray eels and sole, as well as non-edible but highly spectacular species like giant starfish measuring more than 50 centimetres across. Obviously, this marine wealth is a magnet for thousands and thousands of sea birds for whom the islands provide a perfect nesting place guaranteeing abundant food.

Another underwater attraction has its origin in the busy navigation that since remote times has plied this area and the frequent storms, which have left countless shipwrecks, from Roman boats and galleons on their way to the Indies to modern fishing boats and coastal traffic.

Illustrations

p. 29. Top, the islands of Monte Agudo and Faro, in the Cíes archipelago; below, the island of Cortegada.

pp. 30-31. Mélida beach, on the island of Ons.

The palm grove at Elx

(Alicante)

There are accounts of the presence of date palms in the area of Elx (Alicante) going back to the Iberian period, though the great palm grove was planted in the 8th century, during the Muslim occupation. This immense plantation of *Phoenix iberica*, with more than 200,000 specimens covering more than 4,000,000 square metres, surrounds the city on three of its four sides. The Arabs, a desert people skilled in water management, chose this plant species for its ability to adapt to salt water, something they had noted in similar sites in North Africa. In fact, the date palms in Elx are a form of the *Phoenix dactylifera* of North Africa and the Near East adapted to conditions on the Peninsula. In cultivating it, the Muslims designed and built a complex irrigation system using water from the Vinalopó river. This structure has survived to our day, creating a cultural landscape –ie one skilfully modified by the hand of man– of exceptional beauty. The palm grove forms an oasis in Elx's natural surroundings, which except for the farming areas are wild and desert-like.

The palm grove is perfectly integrated into the city of Elx, which has always held onto it even though its exploitation is no longer economically viable. The city has managed to grow in a way that has respected the palm plantations and has made use of them as green zones to oxygenate the city with their particular micro-climate. Similarly, visitors to the great forest of palm trees will find constructions and plantations perfectly adapted to the landscape in a harmonious marriage between town-planning and nature. The palm grove also contains specific gardens of Mediterranean aromatic plants, cacti and tropical plants, all growing in the shade of the ubiquitous palm trees. The star of the grove is undoubtedly the Imperial Palm Tree, a specimen 165 years old with seven offshoots growing from a single trunk, named in honour of the Austro-Hungarian Empress Sissi, who insisted on visiting it in 1894.

The palm grove was an object of great aesthetic interest for the Romantic painters, who were seduced by the Oriental atmosphere they were so fond of. It also, as you might expect, captivated the Valencian painter Joaquim Sorolla, the chief exponent of Spanish Impressionism, who immortalised it in one of the panels for the series *Vision of Spain* which he painted for the Hispanic Society of America in New York

Illustrations

p. 33. Sunsets in the palm groves create an unreal, almost magical, atmosphere.

pp. 34-35. Overall view of El Palmeral, an immense swathe of vegetation on the arid Alicante landscape.

La Ciudad Encantada
(Cuenca)

This quirk of nature, the extraordinary result of the sculptural action of water and wind, is in the municipal area of Valdecabras, on the southern slopes of the Serranía de Cuenca, about 36 kilometres from the city of the same name. It consists of a limestone massif made from the sediments in a Mesozoic sea subsequently raised up during the Cenozoic by the Alpine folding. The heterogeneous geological composition of the terrain has offered varying resistance to erosive factors over the ages and water has gradually dissolved the underlying limestone material, creating subterranean galleries. When the roof of these galleries collapsed, blocks of more resistant material were left standing which in the course of time have taken on fanciful forms that have subsequently been rounded by the wind. In other places, like the so-called Sea of Stone, the water running down the slope has also dissolved the limestone, creating clearly marked furrows and what is called a limestone pavement.

The Enchanted City is a complete museum of geology. Visitors feel as though they are walking through a dream city, in which each shape is reminiscent of something familiar, but at the same time unreal, or surreal, a city with its streets and squares, its monoliths and statues, its bridges and arches. Visitors think they are dreaming as they look at the rock formations with their suggestive names: the Sea of Stone, the Seal, the Bridge, the Whale, the Lovers of Teruel, the Three Boats, the Dog, the Man's Face, the Roman Bridge, the Caller, the Slide, the Elephant and Crocodile Fighting, the Dinosaur, the Convent, the Turtle, the Bear and as many more as imagination can put names to.

A well-signposted and easily accessible observation route runs for three kilometres past the most spectacular formations, though more curious visitors can request the services of a guide who will also take them to corners off the beaten track and provide explanations to help understand the erosive processes at work here. If they want still more surprises, visitors can go on to Los Callejones, in the neighbouring town of Las Majadas, a group of formations similar to the Enchanted City but smaller.

The area has Mediterranean vegetation with pine, juniper and blackberry bushes. The most spectacular fauna are birds like the griffon vulture and various species of eagle, and mammals such as wild boar, fox and squirrel.

Illustrations

p. 36. Aerial view of the carved relief of the Enchanted City.

pp. 37-38. Two examples of the suggestive forms created by water and wind erosion.

Les Coves del Drac
Manacor (Mallorca)

Located in the municipal district of Manacor, on the east coast of the island of Mallorca, the Dragon's Caves are an underground karstic cavity with a series of large halls and galleries stretching for two kilometres, with a large salt-water lake, the Miramar or Martel lake, and a profusion of staggeringly beautiful stalagmites and stalactites. The caves were first explored systematically in 1896 by the French speleologist Édouard Alfred Martel, with sponsorship from the Archduke Ludwig Salvator of Austria. The cave formed as a result of three geological processes: first, karstic action, the dissolution of the limestone parts of the rock by water; secondly, clastic processes, the accumulation of rock debris, water-borne material, etc., and thirdly, the deposition of carbonates left by water on the ceiling (stalactites), before dripping onto the floor, where stalagmites are formed in the same way.

The main halls in the Cova del Drac are the Cova Negra, Cova Blanca and Cova de Lluís Salvador, Cova dels Francesos, Cova dels Àrabs, Cova del Llac Martel, Cova del Sagrari and Cova dels Ratpenats. They are all interconnected rather chaotically, at different levels, forcing the visitor to go up and down no less than 250 steps to get from one hall to another. This is because of the collapse and settlement of the roof that have taken place (clastic phenomena) as the water dissolved the limestone and opened up new cavities (karstic phenomena).

The bottom of the cave is below sea level, for which reason the lakes are of salt-water and their surface level corresponds to sea level. This has been documented by tracking the minimal tides that take place in the Mediterranean. The main lake is Miramar (Martel), 125 metres in length. A boat trip on this lake is an experience of unforgettable beauty, with the roof covered in stalactites reflected in the crystal-clear water, a magical effect skilfully enhanced with the illumination by Carles Buïgas, the same engineer who devised the magic fountain on Montjuïc, in Barcelona. The boat trip ends with a live concert by a chamber orchestra playing, amongst other music, works by Chopin, the famous composer who spent a winter in Mallorca, where he composed several pieces.

Illustrations

p. 41. Clever use of lighting emphasises the magnificence of the Cova del Drac.

pp. 42-43. Stalactites are the result of centuries-long dripping of water containing dissolved calcium carbonate.

Montserrat massif
(Barcelona)

The Catalans' sacred mountain stands as an isolated natural monument in the middle of the Catalan Pre-Coastal range, in Barcelona province. Its unique sawtooth outline, visible from much of Catalonia, has given the massif its Catalan name, 'serrated mountain'. Though not particularly high (its peak, Miranda de Sant Jeroni, is 1,236 metres above sea level), it stands out spectacularly between the neighbouring depressions of El Bages and El Llobregat. Geology has created strange prism formations here, well rounded by erosive action, with dizzying vertical walls, some of them more than 500 metres high, that attract climbers from all over the world.

The mountain is shrouded in legend. According to the most popular one, in the year 880 the image of the Virgin of Montserrat was discovered by some shepherds, for which reason a chapel was built in the 9th century to worship her. Later the chapel became a Benedictine abbey, which, with the varying fortunes of Spain's history, has reached our own day. The Romanesque image of the Virgin of Montserrat, affectionately referred to by its followers as 'La Moreneta' (the little dark-skinned one), is gilded all over except for her hands and face, which have been blackened by the smoke of the candles placed before her by devotees over the course of two centuries.

Over the ages the mountain of Montserrat has become a place of withdrawal for those wanting to experience spirituality in all its intensity. Numerous hermits have chosen one or other of the mountain's caves in which to search for God. The most illustrious of them is undoubtedly Saint Ignatius of Loyola, who in 1552 spent some time in the monastery and made an offering to the Virgin of his military clothes to adopt the monastic smock. Today, of the 12 hermitages on the mountain, only one, called La Santa Creu, is occupied by an anchorite, Father Basili.

Apart from its religious side, Montserrat is also a centre for cultural diffusion. Its library keeps hundreds of thousands of volumes, amongst them valuable manuscripts and incunabula. Its publishing imprint, Publicacions de la Abadia de Montserrat, has played an important role in keeping Catalan culture alive during difficult times. It is famous for its all-boy's choir, the oldest in Europe, and also for its interesting museum, with valuable Egyptian items and a splendid collection of canvases by French and Catalan Impressionists.

Illustrations

p. 45. Left, Montserrat monastery and the funicular railway seen from Sant Joan; right, the strange relief formations that give the mountain its serrated appearance.

pp. 46-47. Left, view of the monastery at the foot of Montserrat; right, image of the *Moreneta*, the black virgin who is Catalonia's patron saint.

Las Médulas

Carucedo (León)

Declared World Heritage by Unesco, Las Médulas is an archaeological landscape which as well as its extraordinary beauty is a valuable source of information about Roman technological innovations in mining. The site is in the municipality of Carucedo, in the *comarca* of El Bierzo (León) and consists of an open-caste mining complex from which an army of between 20,000 and 100,000 miners extracted gold for more than two centuries starting in the 1st century BC. Unlike other mining areas, like those in Wales, slave labour was not used in Las Médulas, which hired free men. The mining system, which was described in detail by Pliny the Elder, was certainly unusual. Deep galleries were cut into the mountain and shored up on posts. When the mountain had been pierced right through, large quantities of water loaded with logs were poured into the galleries so that the posts collapsed and the promontory caved in. Then, with the mountain's 'entrails' exposed, the material was sieved through a mesh of broom to separate out the stones, which were gathered in large piles. Following this, they set fire to the broom and then spread the ash out and washed it, which brought the larger pieces of gold to the surface. To retrieve the gold dust as well, the ash was mixed with mercury, which was evaporated by heating the amalgam to 300° C. This system, which nowadays would be considered a serious threat to the environment, left behind a lunar landscape which, with the passage of time, erosion and the absence of farming or industrial activities, has gradually become fascinatingly beautiful.

To obtain the huge amounts of water they needed for the work, the Romans took advantage of the streams and rivers of the Montes Aquilanos using a complex system of waterworks made up of more than 300 kilometres of channels, very often cut into the rock, and dams. To transport the gold to Rome the Romans also built an extensive network of roads, which shaped the landscape's final appearance (or ruined it, if you prefer). All the gold mined in the empire's provinces went to swell the emperor's heritage, to the extent that Vespasian put the mines under the direct responsibility of a procurator, who was not subject to the authority of the provincial governor.

Illustrations

p. 49. Four examples of the result of ancient mining activity to which has been added centuries of erosion by the elements.

p. 50-51. Aerial view of the tortured landscape of Las Médulas.

Valley of the Jerte

(Cáceres)

Located in the north of Cáceres province, between the foothills of the Sierra de Gredos, to the south, Sierra de Candelario, to the north, Sierra de Tormantos, to the east, and Montes de Tras la Sierra, to the west, the valley of the Jerte stretches north-east to south-west along the river of the same name. This creates a particular micro-climate that largely determines its plant landscape, which is dominated by chestnut and holm oak in the uncultivated areas and fruit trees on farmland. Although there are plantations of raspberries, olives and figs, the cherry is unquestionably the queen of agriculture on the Jerte. The valley has more than 2,000,000 cherry trees, which as well as growing in low-lying areas have spread up the sides of the mountains on terraces created for them by farmers. In spring, looking out from the Tornavacas pass, which gives a view of almost the whole of the valley, the beauty of the cherry trees in flower is enough to take anyone's breath away. Life in the valley is so focused on this exquisite fruit that it even has a museum devoted to it, the Museo del Cerezo, in the town of Cabezuela del Valle. At the end of March, when the cherry trees bloom, there is a Flowering Cherry festival with concerts, theatre pieces, children's activities and neighbourhood dances. It's as though the valley wanted to celebrate the beauty of the flower which also announces the prosperity the fruit will bring.

The traditional architecture of the towns and villages in the valley is also of great beauty. The commonest type of construction is the adobe house with chestnut timber frames, large wooden balconies on the sunny side and ample porticoes. In the mountain villages, the houses are built entirely in stone and doors and windows are reduced to a minimum.

Lovers of history visiting the area will delight in the surprisingly well preserved remains of the Roman road that connected the region with the Vía de la Plata, or the countless medieval bridges that span the mountain rivers. Those who prefer nature, large forests or waterfalls can choose between the Gargantas de los Infiernos Nature Reserve, the Papúos gorge, the Nogaleas gorge, with its five beautiful waterfalls, or the Caozo gorge. Romantic travellers, for their part, will appreciate the landscape in autumn, with the delicate palette of warm colours when the leaves are about to fall.

Illustrations

p. 53. Erosion by water has created large ponds and natural pools in the Garganta de los Infiernos, in the valley of the river Jerte.

pp. 54-55. An impressive view of the valley's cherry trees in full flower.

TOWNS

Aranjuez
(Madrid)

Few places in Spain so strongly deserve to bear the designation of 'cultural landscape', something Unesco defines as 'one that harmoniously combines the work of man with nature'. Ever since it was chosen by the Catholic Monarchs as one of their holiday residences, all our kings and queens have contributed to make Aranjuez what it is today: a town that can be proud of having one of the most beautiful groups of palaces and gardens in Europe. The Catholic Monarchs can be credited with the restoration of the original Casa Palacio, once the property of the Order of Santiago, and the creation of the so-called Queen's Garden. In the 16th century, Charles I, a great hunting enthusiast, created the Royal Forest and the Casa de Aranjuez. But it was Philip II who gave the Real Sitio a decisive boost. As well as the waterworks required for the creation of the Island garden, the king also had many plants brought from America to set up the first botanical garden in Europe and commissioned Juan Bautista de Toledo and Juan de Herrera, the architects of El Escorial, to build the Royal Palace. However, with the arrival of the Bourbon dynasty on the Spanish throne, the Real Sitio was given its definitive appearance. Philip V decided to make Aranjuez the home of the court in spring. He therefore demolished the old Casa de la Maestranza and enlarged the Royal Palace. In 1750, Ferdinand VI took advantage of a fire that devastated the palace to rebuild it from the ground up, at the same time commissioning the court architect, Santiago Buenavía, to plan the town of Aranjuez. As a result, the town boasts an admirable architectural unity. He was also responsible for the magnificent church of San Antonio, amongst others. His successors kept up the tradition and also did work to embellish the Real Sitio. Charles III, a prolific builder, hired Sabatini to build the convent of San Pascual Bailón, the hospital of San Carlos Borromeo, a new hospice and the two wings of the palace. He also undertook experimental cultivation, the Real Cortijo de San Isidro and the Campo Flamenco in the Dehesa de Otos. Charles VI was the last of the Bourbons who embellished Aranjuez. To him we owe the Chinese Pavilions, the Casa del Labrador, the Casa del Infante, the Palacio Godoy and the Palacio de los Duques de Medinaceli, as well as the construction of a number of fountains, ponds and canals. The visitor must be sure not to leave Aranjuez without seeing the striking Museo de Falúas Reales in the Prince's Garden.

Illustrations

p. 59. Jardín del Parterre and Calle del Príncipe seen from the Palacio Real.

pp. 60-61. Left, general view of the main façade of the Palacio Real; on the right, the palace interior: top, Porcelain or Conversation Room; bottom, Throne Room.

Ronda
(Málaga)

Spain's most ardent bullfighting town is poised on either side of the Tajo de Ronda, an impressive gorge 180 metres high carved out along the course of the Guadalevín river. Ronda was founded by the Roman Emperor Scipio in the second century BC, though it was not until the Muslim occupation that it became established as a city largely due to the defensive possibilities arising from its vantage point on the rocks dominating the course of the river. Traces of Muslim presence are self-evident in the layout of the streets in the old town centre, which lies to the south of the Tajo de Ronda. This meant the old medina had natural defences in the gorge and man-made ones in the powerful walls that ringed it and that were modified to varying degrees over the ages. Important remains have survived from this fortified precinct to this day, including part of the walls and various gateways: Puerta de la Cíjara, Puerta de la Albacara, the imposing Puerta de Almocábar (13th century), Puerta del Cristo and Puerta del Viento. Other Muslim remains are the Casa del Gigante (Giant's House), a luxurious Nasrid mansion built in the 14th and 15th centuries, the Alminar de San Sebastián, a former minaret converted as a bell tower, some interesting Arab baths, the old San Miguel bridge and the ruins of the Arab fortress. After the conquest by the Catholic Monarchs in 1485, the town saw considerable growth. Its most representative monuments, however, date from the 18th century, amongst them the spectacular Puente Nuevo, a bridge standing 98 metres high, and, above all, its bullring, the oldest in Spain. Every year, at the end of August, the Feria de Pedro Romero is held there. This fair is a splendid spectacle with its *corridas goyescas*, in which all the participants dress to look like the characters in Goya's paintings.

The city houses religious buildings of great beauty: the churches of Padre Jesús (15th century), Santa María (14th-16th centuries), Espíritu Santo (15th century), that of the convent of La Merced (16th century), the curious shrine of La Virgen de los Dolores (18th century) and the convent of Santo Domingo (16th century). Visitors shouldn't take their leave of the town without first taking a walk in the old quarter and marvelling as they discover its narrow streets, little squares, ageing mansions, like that of the Marquis of Salvatierra (17th and 18th centuries), that of Moctezuma (19th century) or that of Mondragón, built and modified during the 16th to 18th centuries over the old castle of the Arab King Abdel Malik.

Illustrations

p. 63. Left, top to bottom: Puente Viejo over the river Guadalevín; view of Ronda perched on the mountain cliff-tops; typical Andalusian architecture, with white walls and tiled roofs. Right, the canyon known as the Tajo de Ronda, with the town in the background at the top; Ronda bullring, the oldest in Spain.

pp. 64-65. The town over the Tajo de Ronda. On the left, Puente Viejo.

Albarracín
(Teruel)

Set on a spectacular hill almost surrounded by the river Guadalquivir, Albarracín is a genuine natural fortress, four-fifths defended by impressive cliffs and presided by the Andador Tower (10th century). The site has been occupied since prehistoric times and, because of its great defensive interest, was always the envy of powerful neighbours.

Unlike so many other towns in Spain, Albarracín didn't demolish its walls when they lost their defensive function or when demographic pressure made it necessary for the town to be extended. The old Muslim wall, which dates from the 10th century, carefully preserved and restored by successive occupants, has survived intact, enclosing the old town centre like a museum of medieval architecture. In fact, Albarracín's main interest doesn't lie in great monuments or spectacular town squares, but in its ancient, secluded streets and, above all, in the beauty of its medieval houses. These houses are built with the local red gypsum reinforced with a wooden framework. Because of the shortage of space inside the walled area, the houses are crowded together, with hardly any squares and with narrow streets flanked by arcades that allow houses to increase their surface area without taking up street space. Each house has surprises for the visitor in its exquisite details. The city boasts a long tradition in wrought-iron work which can be seen in the decoration of the houses, with grilles on the windows and knockers and latches on the doors. Wooden handiwork is also very present in the local architecture, in the windows, the delicate latticework, the projecting eaves and the carved doors... The Town Council rightly keeps a close watch over any reforms so as to preserve the town's most highly prized treasure: the fabulous wealth of its harmonious traditional architecture.

The town also has some noteworthy monuments. The 16th-century cathedral of San Salvador replaced an old Romanesque construction, while the church of Santa María was built on the site of a former mosque. The City Hall, which stands in the magnificent Plaza Mayor, is a beautiful porticoed building dating from the 17th century. Also worth a mention are the magnificent mansions of the nobility scattered around the town, like the Casa de los Dolz de Espejo (15th century), Casa de los Monterde (17th century), Palacio de la Brigadería (16th century) and the Casa de los Navarro de Arzuriaga (17th century).

Illustrations

p. 67. Top, an imposing view of the fortress at Albarracín; bottom left, houses in the town, right on the edge of the precipice, and Plaza Mayor; bottom right, a beautiful medieval mansion.

pp. 68-69. General view of Albarracín showing its magnificent strategic position.

Santillana del Mar

(Cantabria)

While the charm of many Spanish towns lies in the simple beauty of their traditional architecture, what seduces the visitor to Santillana del Mar is essentially its air of distinction. Known as the city of the three falsehoods –it's neither holy (*santa*), flat (*llana*), nor on the sea (*mar*), Santillana grew up around the collegiate church of Santa Juliana, where the relics of the saint the monastery and the town itself are named after were kept. Thanks to these relics, Santillana became a prosperous pilgrim's destination in the period when the Muslim domination of the larger part of the peninsula forced pilgrims travelling to Santiago to take what was called the North Way along the Cantabrian coast. It was these same pilgrims who introduced French Romanesque, the style used in the 12th century in building the collegiate church, undoubtedly one of the most spectacular and beautiful Romanesque monuments in Spain. The fine cloister stands out, with the rich sculptural decoration on its capitals, along with the church, with aisle and two naves and a crossing and a splendid triple apse. Another point of interest is Plaza Mayor, or Plaza de Ramón Pelayo, which is presided by the Baroque Town Hall. The square is surrounded by a series of notable civic buildings. The oldest of them is the Torre del Merino (14th century), the fortified residence of the king's representative (and tax collector) in the city, whose presence favoured the construction of more mansions by the local nobility. Torre de Don Borja, currently the home of the Fundación Santillana, is also from the 14th century, and later buildings include the Casa del Águila (16th century) and Casa de la Parra (17th century), which together house the Colección Norte de Arte Contemporáneo, and the Barredo-Bracho mansion (18th century), which has been turned into a *parador nacional* (state-run hotel). One last nucleus around which the town has been built up is the area of the convent of San Ildefonso (17th century) and the convent of Regina Coeli (17th century), today the home of the Museo Diocesano.

But Santillana isn't only attractive on account of its monuments, but mainly for the charm of its cobbled streets, which the visitor can walk along unhurriedly taking in the magnificent façades of the emblazoned 17th-century and 18th-century houses in a medieval urban setting in which time seems to have stood still.

A must for visitors, three kilometres from the town centre, are the caves of Altamira, with an exact reproduction open to the public.

Illustrations

p. 71. Top, a cobbled square surrounded by medieval buildings; bottom, left, one of the town's typical narrow streets, with the church of Santa Juliana in the background; on the right, the church's Romanesque cloister.

pp. 72-73. General view of the main façade of the church of Santa Juliana.

Combarro

(Pontevedra)

A complete anthology of traditional Galician architecture, Combarro is one of the most beautiful and best-preserved towns in Galicia. Plenty of towns have an old quarter, but few can boast of being entirely old. The village has no great monuments; its charm lies in the buildings and its narrow streets. Combarro is built on a small granite promontory that shelters the little inlet of Campelo. The earliest inhabitants of this sterile rocky ground probably decided to build their homes here so as to make the most of the fertile land surrounding it for farming. The village has three types of traditional Galician architecture. The most characteristic is the *hórreo*, a rectangular building supported on four or more stone pillars with openings in the walls to allow proper ventilation and a gable roof with stone crosses at each end. These constructions are used for storing grain and protecting it from damp and rodents, though in Combarro they have also been adapted to seafaring activity and are used for storing nets and tackle and for drying anchovies, sardines and other fish. In Combarro the *hórreo* is called a *palleira*, after the straw (*palla*) which used to cover the roof. The village has a cherished collection of 30 *hórreos*, most of them built in the 18th century.

The village houses are also very typical. They are small, due to the lack of space on the granite base the village stands on. Built between the 17th and 18th centuries, in stone, with large balconies facing the sun, they line the coast and the narrow, porticoed streets of the village.

The third example of traditional Galician architecture is the *cruceiro*. These are stone columns, sometimes set on a carved plinth, which support a religious image, usually a crucifix. Castelao once said, '*onde hai un cruceiro houbo un pecado*' (Where there's a *cruceiro* there was once a sin). The inhabitants of Combarro have had to have six sins forgiven them, the same number as the *cruceiros* built in the village between the 17th and 19th centuries.

The inquisitive traveller will take a leisurely stroll through the village, taking in the beauty of its secluded streets, which, to paraphrase Jorge Manrique, 'lead down to the sea', which in this case isn't death, but, on the contrary, a source of food and life.

Illustrations

p. 75. Top, the port at Combarro, with its quays and jetty; below, left, one of the characteristic *hórreos*; on the right, two typical *cruceiros*.

pp. 76-77. The little town of Combarro stands right on the sea's edge.

Ciutadella
(Menorca)

Its charm unscathed by time, the ancient capital of Menorca, seat of the bishopric and residence of the island's nobility, breathes serenity and elegance in its web of medieval streets. The old quarter of Ciutadella, *la ciutat*, stands on a cliff on the left shore of a small natural harbour. The layout of the old quarter is that of the medieval walled city, even though few buildings remain from that period, as in 1558, 'the year of misfortune', 15,000 Turkish pirates under Mustafa Piali laid waste to the city, and not a single house was left standing. As a result, the chief monuments had to be restored or totally rebuilt. At first sight, the visitor will notice two types of building in the city, one whitewashed and reflecting a blinding light, and one showing the blocks of *marès*, a type of local limestone which over the years takes on a delicate pink colour. The medieval city is arranged around two squares, Plaça de la Catedral, or Plaça Vella, and Plaça d'es Born. The latter, the former parade ground, is surrounded by noble houses like Palau Salort (19th century), the City Hall, known as La Sala (20th century), but in particular the Torre Saura, a majestic Neoclassical building built in the 19th century. Outside the square, but, along with Torre Saura, taking up the block between Plaça d'es Born and Plaça de la Catedral, is Casa Olivar (17th century), an elegant building with a Neoclassical façade (18th century). One side of the square is open and has a beautiful view over the harbour. The cathedral of Santa Maria was built in the 14th century in the Catalan Gothic style on the site of the former chief mosque, of which the base of the minaret was preserved as the foundation for the bell tower. It was badly damaged in the attack by the Turkish pirates and has required numerous repairs, the last being in the 19th century. Plaça de la Catedral is the start of Ses Voltes ('The Arches'), a delightful porticoed street, very short and narrow, which is the city's busiest shopping centre. Other interesting monuments in Ciutadella are the church of El Socors, a beautiful Renaissance building (17th century), the church of Sant Francesc (17th century), in a transition style between Gothic and Neoclassical, the church of El Roser (17th century), with an attractive Baroque façade, and the Palau del Baró de Lluriach (17th century), Menorca's oldest aristocratic mansion.

Illustrations

p. 79. Top left, feast of Sant Joan, in Plaça des Born; bottom left, Plaça Nova. Top right, Sant Nicolau tower; bottom, the cathedral.

pp. 80-81. Ciutadella's pretty natural harbour, the centre of the city's night-life.

Cadaqués
(Girona)

Cadaqués is a town with an obvious seafaring vocation. Perhaps nature left it no alternative. The town is set on the slopes of the Serra de Pení, a range of hills that shelter it from the *tramontana* and hug the bay of Cadaqués, Catalonia's largest natural harbour. Everything here faces the sea, and in fact, until the 19th century, the village had no road worthy of the name to connect it to villages further inland. It was probably because of its poor communications that the village was saved from the development pressure that mass tourism brought to bear on other spots along the former paradise of the Costa Brava.

The palette of colours to be seen in the landscape of Cadaqués is very characteristic. It goes from the leaden grey of the slate of the Serra de Pení that cradles it, broken by the patches of white olive trees and Mediterranean scrub, to the blinding white of its whitewashed walls, and the blue sea that inevitably appears at the end of every street, a disturbingly beautiful cobalt blue when the *tramuntana* blows.

The old part of Cadaqués consists of a network of narrow cobbled streets that drop down to the sea from the parish church of Santa Maria (15th century), which crowns the town's characteristic skyline and where the world-famous Cadaqués Music Festival is held. In the Middle Ages the village was surrounded by a wall of which all that remains is one tower, Es Baluard. The architecture of the houses is highly eclectic, ranging from typical fishermen's houses to the odd *Modernista* mansion built by emigrants returning from the Americas or modern houses designed by prestigious Catalan architects (Milà, Coderch, Tusquets, Clotet, Correa, etc.) who have shown great respect for the local styles.

The brothers Ramon and Ricard Pitxot, respectively a painter and a cellist, and later Salvador Dalí, attracted many celebrities to Cadaqués. The list of illustrious visitors could go on for ever. We need only mention a few, like Dalí himself, Pablo Picasso, Joan Miró, Marcel Duchamp, Dieter Roth, Antoni Pitxot, writers like Federico García Lorca, Paul Éluard, Thomas Mann and André Breton, and photographers such as Man Ray, Català Roca and Toni Catany. This stream of genius has left its mark on the village, which has a large number of art galleries and several museums, amongst which the most prominent is without a doubt Dalí's home in Port-Lligat.

Illustrations

p. 83. Top: left, aerial view of the bay of Cadaqués, right, the town seen from inland. Below, Casa Serinyana, also known as Casa Blava (the Blue House); right, a typical street.

pp. 84-85. Platja Gran in Cadaqués, presided by the church of Santa Maria.

Morella
(Castelló)

As the visitor approaches Morella he is struck by the spectacular skyline, an imposing castle on the top of a flat hill, presiding a walled compound, with here and there the great bulk of a church looming over the rooftops. Over the centuries, the streets of this strategically located town have been trodden by Greeks, Carthaginians, Romans, Visigoths, Muslims and Aragonese, the Franco-Castilian troops of Philip V, Napoleon's army, Carlists and Liberals.

Morella lies at the feet of the fortress in the shape of a half moon, on one of the sides of the hill. Its streets therefore run either from top to bottom of the hill, sloping steeply, often with flights of steps, or perpendicular to the slope, always on the same level. One especially beautiful street is Carrer de Balasc d'Alagó, with its numerous blazoned and porticoed houses, amongst which the most impressive are the Gothic Town Hall (14th century), the Palau del Cardenal Ram (16th century), a former mansion now turned into a hotel, Palau del Marquès de Cruïlles (16th century), Palau de Piquer (16th century) and Casa Ciurana (14th century).

The church of Santa Maria la Major, begun in the 13th century, is undoubtedly the most beautiful Gothic building in the Comunitat Valenciana. It has an outstanding isolated choir, supported on four columns and dating from the 15th century, and two doorways, that of the Apostles and that of the Virgin, with exceptional Gothic sculptural decoration. The city walls, built in the 14th century by Peter II of Aragon, are 2,500 metres in perimeter. They are fortified with 14 towers and the main gates are those of Sant Mateu, Sant Miquel, Els Estudis, El Rei and El Forcall. However, the city's most impressive defence work is the castle. Remains of human occupation on the site have been found dating back to prehistoric times and there is evidence of its importance during the Roman period. In fact, the storage tank that supplied water to the castle until the 19th century belongs to this period. The present fortress was built in the Islamic period, though since then it has undergone constant alterations until well into the 19th century, when, as the headquarters of the Carlist leader Ramón Cabrera, it was systematically bombarded by Espartero's troops, who eventually made a devastating strike on the gunpowder magazine. Entrance to the castle today is via the cloister of the Gothic convent of Sant Francesc (13th-14th centuries). As well as this cloister, the convent preserves the church and a beautiful chapter house decorated with interesting 15th-century frescoes.

Illustrations

p. 87. Top, general view of the town, with the impressive hulk of the fortress dominating the town; below: left, Morella's typical architecture; right, the church of Santa Maria la Major.

pp. 88-89. Morella's defensive potential has determined its tortured history.

Guadix

(Granada)

Some miles before arriving, the traveller is struck by the silhouette of the Arab fortress and walls (10th and 11th centuries) that dominate Guadix and give it its particular character. Human occupation here is documented since the Palaeolithic and every civilisation that has ever set foot on the peninsula has left its mark here for better or worse.

The Romans gave Guadix its urban identity in BC 45, when Julius Caesar founded the Julia Gemela Acci colony where veteran members of the Legio Secunda and Prima Vernacula settled. During the Visigothic period, the town experienced a time of splendour as one of the most important bishoprics in Spain. But it was the Muslim occupation that gave the old town centre its present form. Known today as El Sagrario, this district concentrates most of the old civil and religious monuments. Set on a small hill dominated by the fortress and walls, it still preserves the layout of the old Muslim city, with its narrow, winding streets, its secluded squares and its urban vegetable gardens. Until the 19th century, the district of El Sagrario had a wall around it. There are remains of this wall in El Almorejo and El Torreón del Ferro, but it's remembered especially in some of the town's street names, such as Puerta Alta, Puerta de Granada and Puerta de Baza, all taken from names of gates. The main monuments in the town are to be found in this district: the porticoed Plaza Mayor (16th century, later rebuilt), the cathedral (a beautiful building in a mixture of Gothic, Renaissance and Baroque), and the 16th century convent of La Concepción.

However, what sets Guadix apart from any other town in Spain is a very unusual form of housing, its cave dwellings. Indeed, on the outskirts of the town, in an arc running east-south-west, a bizarre landscape awaits us. The sides of the hills are pierced by caves with doors and windows set in whitewashed walls and protected by black railings, dazzlingly white chimneys emerge from the earth and the whole mountain is a termite mound on a human scale. Inside the caves, the temperature remains constant, between 18° and 20° C, all the year round. Guadix's famous caves, some of which have now been adapted to accommodate tourists, were dug by the Moriscos who were driven out of the town after it was conquered by the Catholic Monarchs.

Illustrations

p. 91. General view of the town and the typical chimneys emerging from the rocky ground.

pp. 92-93. General view of the cave dwellings.

HERITAGE

Sagrada Família

Barcelona

In the purest tradition of the medieval cathedrals, the construction of the Sagrada Família will have spanned three centuries. The work of the temple was begun in 1877 under the diocesan architect Francisco de Paula del Villar, who was succeeded by Gaudí in 1883, and it was still unfinished when Benedict XVII consecrated the building as a basilica on 7 November 2011. Also like the great Gothic cathedrals, a lot of people have devoted practically the whole of their professional life to the temple, the immense majority of them with no hope of ever seeing it completed. Stonemasons, ceramists, sculptors, glaziers, carpenters, blacksmiths, modellers and architects have all come under the spell of this prayer in stone and have devoted the best years of their life to materialising the project by the great *Modernista* architect.

In the words of Benedict XVII, 'Gaudí wanted to combine the inspiration that came to him from the three great books in which he fed as a man, as a believer and as an architect: the book of nature, the book of the Holy Scriptures and the book of the Liturgy'. Nature appears everywhere in the brilliant (and functional) use of curved or inclined lines, even in the load-bearing elements. It can also be easily perceived in the arboreal structure of the system of columns supporting the roof of the recently dedicated nave. The books of the Holy Scriptures are present everywhere, but they are magnificently represented in the sculptural series on the façades, that of the Nativity, designed by Gaudí in person, and the more controversial contemporary one of the Passion, by the sculptor Josep Maria Subirats. As regards the liturgy, Gaudí essentially conceived the Sagrada Família as a large space in which to celebrate religious services. 'The Church', he said, 'makes use of all the arts, the arts of space (architecture, sculpture, painting, precious metals...) and those of time (poetry, singing, music...). The liturgy gives us lessons of the most refined aesthetics.' The liturgy is present not only in the interior decoration of the temple, but also in the exterior ornamental details, like the stone ribbons with the inscription *Sanctus, Sanctus, Sanctus* around the top of the towers. According to Gaudí, these ribbons, like the whole of the outside of the building, were to be a call to passers-by, an invitation to them to lift their eyes to the heavens and to take part in the liturgical celebrations to the greater glory of the Lord.

Illustrations

p. 97. Partial view of the Nativity Façade of the Sagrada Familia. © Templo Expiatorio de la Sagrada Familia.

pp. 98-99. The nave of the basilica. © Templo Expiatorio de la Sagrada Familia.

Cathedral of Santa María

León

Gothic, like the architectural style before it, Romanesque, entered the Iberian Peninsula along the Saint James's Way. Many of Spain's cathedrals were conceived by French architects and very often, before starting building work, the people responsible for them travelled to France to visit cathedrals recently built or still under construction. According to researchers, the cathedral of Santa María in León is the most French of all European cathedrals. Most Spanish Gothic temples either belong to a transition style, with the base of the building in a Romanesque style with pointed arches and vaults, or else they have suffered countless alterations during the course of history to the point where it's very often difficult to make out the Gothic structure underlying the Baroque or Plateresque wrapping. This isn't so in the case of León cathedral. It was planned as a Gothic temple from the outset, built quickly and has had no later additions. All we know about the architect is that he was called Enrique and that at the time of his death, in 1227, he was taking part in the construction of Burgos cathedral. From the architectural details of Santa María, we can say that if Master Enrique wasn't French then he at least had a good knowledge of some of the neighbouring country's cathedrals, such as Chartres, Amiens and Reims.

The great Gothic architectural revolution centred on the use of the pointed arch and the rib vault, which transferred the load to the columns and freed the walls from this function. This meant large windows could be opened in the walls and filled with multi-coloured stained glass which, as well as illustrating scenes from the Bible or the lives of the saints, lit the temple with an aura highly suited to meditation and religious exaltation. The stained-glass windows in León cathedral are amongst the most beautiful in Spain and are comparable to those of Chartres. In Spain there was no tradition in this field. For that reason and based on technical details, the work has been attributed to some French workshop, probably the same one that did the windows of Amiens cathedral. The stained-glass was restored in the 19th century, in a somewhat misguided operation as fragments from some were used to mend others and several were moved, so that the narrative discourse of the windows was partly altered.

Illustrations

p. 101. The pure Gothic lines of León cathedral in all their splendour.

pp. 102-103. Left, rib vaults freed the walls of their load-bearing function and allowed the use of colourful stained-glass windows; right, the luminosity and the height of the central nave are a powerful call to withdrawal and prayer.

San Juan de la Peña

Santa Cruz de la Serós (Huesca)

Everything about it is surprising, everything is bewitching. Located in the mountain range it takes its name from, a natural area of great beauty representative of Aragonese middle-mountain ecosystems, the history of the monastery of San Juan de la Peña goes back to the 9th century. It was founded by Count Galindo Aznárez II of Aragon in 920 in the place where, according to tradition, several hermits had taken refuge to live by their faith when the Iberian Peninsula was invaded by the Saracens. The monastery is considered the cradle of the Kingdom of Aragon. In fact, for some time it was the pantheon of the rulers of Aragon, though it was later concealed beneath the new Royal Pantheon built by Charles III in the 18th century. The building contains another funerary monument, this one Romanesque, devoted to the Aragonese nobility and called the Panteón de Nobles. Here the remains of nobles rest in beautiful recessed sarcophagi, with false arches decorated with the coats of arms of the deceased and the typical Jaca chequers.

What makes the monastery so special is its location under an immense overhanging rock that looks as though it were about to flatten it but in fact forms its natural ceiling. All that remains of the original monastery is what is called the 'lower' church in a Visigothic-Mozarabic style. It has two naves with their respective apses, both decorated with mural paintings of the time. This was the first church in the whole of the peninsula where, in 971, mass was held according to the Roman rite, imposed by Pope Alexander II, replacing the traditional Hispanic-Visigothic rite. The Sala de Concilios, or Council Chamber, built in the 11th century, stands on the same level. In the 11th century Sancho Ramírez built the upper church of San Juan over the Mozarabic church. It has a single nave that gets narrower at one end and three apses abutting on the rock that covers the church.

The monastery also has two chapels, San Victorián and San Voto. The first was built in the 15th century and is a fine example of Aragonese florid Gothic; the second was built in the 17th century in the Neoclassical style.

However, the splendid Romanesque cloister is without any doubt the most impressive part of the monastery. It was built in the 12th century beneath the rock and is a real sculptural gem. Some of the capitals, by an unknown hand, date from the 11th century, though the most beautiful are the ones done in the 12th-century by the so-called Master of San

Juan de la Peña or Master of Agüero, which depict Biblical scenes of great expressive power.

Illustrations

p. 105. Top, the massive rock seems about to crush the monastery; below; the triple apse of the chevet of the upper church and a capital depicting the Three Wise men on their visit to Herod.

pp. 106-107. General view of the monastery beneath the menacing rock.

The Roman theatre

Mérida

Founded in BC 25 by the Emperor Augustus for the veterans of the V and X legions, the Roman colony of Emerita Augusta soon became the capital of the province of Lusitania. As such, it was equipped with the large public buildings that characterised important Roman cities. The most spectacular was without any doubt the Roman theatre, a real architectural gem, possibly the most beautiful Roman monument in Spain. The theatre was a donation by General Marcus Agrippa in the year BC 15, though it underwent alterations and repairs in the 1st and 4th centuries AD. It was also used as accommodation during the late Roman Empire and even covered with earth and used as farmland until the 1960s. In fact, its current appearance stems from excavations and restorations during that decade. The theatrical performances were funded by the *aediles* to ingratiate themselves with the common people, who were allowed to attend events free of charge. The Roman theatre had lost the religious meaning it had formerly had in Greece and this is reflected in the structure of the theatre, especially in the *orchestra*, the area next to the stage, which in Greece was circular and furnished with an altar, while in Roman theatres it was semi-circular and reserved for the city's leading officials. In the theatre in Mérida, the *orchestra* measures 30 metres in diameter (of a total of 96 metres for the theatre). The auditorium, with room for 6,000 spectators, rests partly on the San Albín hill and partly on a vaulted structure. The seating was arranged on three levels separated by large spaces, the *ima*, *media* and *summa cavea*, ie the lower, middle and upper seats, reflecting the social stratification in the city. Obviously, the lower seats, closest to the stage, were reserved for the well-to-do classes. The stage is unquestionably the most impressive part of all. It measures 60 metres in length by 7 metres in width and stands two metres above the choir. At the back it has a two-story façade with Corinthian columns, with a total height of 13 metres. Between the columns, in Roman times, there were statues of gods and deified emperors. Since the 1960s, a prestigious Festival of Classical Theatre has been held every year in Mérida which has become a reference all over the world. Well-known figures who have performed on its stage include Margarida Xirgu, Paco Rabal, Adolfo Marsillach, Fernando Guillén, Julieta Serrano, Manuel Gallardo and Núria Espert.

Illustrations

p. 109. The lavish front of the theatre stage, with its two storeys supported on marble columns.

pp. 110-111. General view of the stage and the *orchestra* of the theatre in Mérida.

Roman aqueduct

Segovia

This is undoubtedly the city's most emblematic monument and one of the Roman Empire's greatest civil engineering works. Segovia aqueduct is part of the waterworks that took water from the Riofrío, in the Sierra de Guadarrama, 17 kilometres from the city, and transported it as far as the hill where the Roman city stood. The first section is an open channel 30 centimetres wide and 30 centimetres deep. After Balsaín forest, the channel runs underground until it gets to a first sand filter, called the *turris aqua*, which is protected by a tower, the Casa de Piedra, added in the 16th century. From here it flows along a parapet until it reaches a second sand decanter, very similar to the first. This is where the section of the aqueduct starts whose image everyone associates with the city of Segovia. It measures 958 metres in length and has a maximum height of 28 metres. There are 167 semi-circular arches with a span of 4.5 metres supported on pillars. At the top, these arches are arranged on two levels. Crowning the structure is the attic, with the channel along which the water flows. Neither the pillars nor the arches are built with cement, but simply with stones cut to size. After the Postigo del Consuelo the arches disappear, but the channel continues as far as the *alcázar* after first passing through the sand filter in Plaza Mayor. From here, during the Middle Ages, water was distributed to different parts of the city. In the section starting at Plaza del Azoguejo, the aqueduct has two niches which in Roman times must have held statues of some deity or deified emperor.

It's difficult to know for sure when the aqueduct was built, though experts have dated it to the first century AD. There is a plaque on the central pillar, from which it has been possible to retrieve traces of former bronze lettering, but the date given isn't that of construction but of a restoration undertaken by the city's *aediles* in the year 98 AD. This means that the aqueduct had been in operation for some years, as it already required repair work.

In 1072 36 of its arches were damaged in the attack by the Muslim King of Toledo, Al-Mamún. The aqueduct wasn't restored until the 15th century, when the Catholic Monarchs hired Fray Juan de Escobedo to do the work. It is currently undergoing radical restoration to save the thousand-year-old stones from the onslaught of pollution.

Illustrations

p. 113. A section of Segovia aqueduct 958 metres long crosses the city.

pp. 114-115. View of the aqueduct by night. This is one of the largest surviving works of Roman civil architecture in the world.

Real Sitio de San Lorenzo de El Escorial

(Madrid)

On 10 August 1557, the feast of Saint Lawrence, the troops under King Philip II of Spain defeated the French army at the decisive battle fought near the city of Saint Quentin. To commemorate the victory, the king wished to build a large monastery dedicated to the saint. The building was to fulfil three roles: as a monastery of the Hieronymite Order (currently it houses the Augustinians), a residence for Philip II and a royal pantheon. The king therefore purchased the Montes Carpetanos, in the Sierra de Guadarrama, a large area of land that included La Herrería, La Fresneda, El Campillo, Monesterio and El Escorial. The first stone of the monastery was laid on 9 May 1563, to a design by its first architect, Juan Bautista de Toledo. Four years later, following his death in 1567 with much of the monastery already built, he was succeeded in the work by Giovanni Battista Castello, *El*

Bergamasco, who died two years later, in 1569. Juan de Herrera, who had worked in Florence and Rome, two cities that led the way in art and architecture at that time, the height of the Renaissance, took over the final project and modified it considerably. Philip II, who as a prince had also travelled to Italy, was very familiar with the new architectural tendencies and played an active part in the planning of the monastery.

The building is in the Renaissance style, tempered by the characteristic Castilian sobriety and Juan de Herrera's ample knowledge of geometry. The floor plan is shaped like an inverted gridiron in memory of the saint's martyrdom. It forms a large quadrilateral with austere façades, without cornices or decoration, broken only by the rows of windows. Not even the towers at the corners project from the façade, so as not to interrupt the regularity of the plan. Only on the main façade were three pediments added to enhance the doors. The building is arranged in two longitudinal wings on either side of a central block. This is made up of the pantheon church, around which are arranged the palace buildings and the Patio of the Kings, which gathers the monastery buildings. It is well worth visiting the spectacular library, especially the Salón Principal, or Main Hall, covered by a barrel vault and decorated with beautiful Mannerist frescoes. Philip II, who despite the stories told of him was highly cultured, hoped to gather all the knowledge of his time in it.

Illustrations

p. 117. Left, general view of the main façade of the monastery and the print room in the splendid library. Right, high chapel of the church and the Royal Gallery.

pp. 118-119. Aerial view of the monastery, showing the square floor plan in the form of an inverted gridiron.

The walls of Ávila

In the 11th century, when Alfonso VI conquered Ávila from the occupying Muslims, the city was repopulated by Raymond of Burgundy, a French count who had come to Castile as a crusader to fight the Saracens. To him we owe the city's most emblematic monument, its imposing city walls, the oldest and best-preserved in the whole of Spain. There are various stories about their construction, though the most likely version dates it to 1090 under the *maestros en jometría* the Italian Casandro Colonio and the French Florín de Pituenga, who made use of material from the Roman period including stone blocks from the old walls and parts of a necropolis. The building work lasted nine years, a short time considering the walls are 2.5 kilometres long. The material used is mainly granite, with very little brickwork, although the collaboration of Mudéjar bricklayers is documented. The wall has nine gates, four smaller doorways for pedestrians, 2,500 merlons and 88 circular towers. The apparently uniform height of the walls is in fact misleading, as the sections on flat land that were more vulnerable to attack measure up to 15 metres, while the average height is 12 metres. One curious detail is that the cathedral was built at the same time as the walls and the apse, embedded in the fortification, was used as a defence element. It can be seen as an imposing tower standing out on the outside of the wall. The walls have had numerous alterations made to them over the course of history. The Puerta del Alcázar, for example, a monumental gateway flanked by two imposing towers joined by a 20-metre-high semi-circular arch, was remodelled in the 5th century. Later, in the 16th century, the Puerta del Peso de la Harina was opened up, also known as Los Leales, Los Obispos or La Catedral, due to its proximity to the cathedral. The Puerta del Mariscal is named after Marshall Álvaro Dávila, who paid for its remodelling in the 14th century. The Puerta del Carmen, for its part, underwent reforms in the 14th and 15th centuries, something we see reflected in its pointed Gothic arch. The Puerta de Santa Teresa dates from the 16th century, when the Puerta del Puente was reformed. At the beginning of the 20th century a profound restoration of the walls began. The operation was completed in 1987 and returned their original splendid appearance to them.

Illustrations

p. 121. Arco de San Vicente, with the two original Roman towers embedded in the original medieval construction.

p. 122. Top, lookout path seen through the battlements of one of the defence towers; below, Arco del Carmen in the walls.

p. 123. General view of Ávila's fortified area.

Plaza Mayor, Salamanca

At the beginning of the 18th century, Rodrigo Caballero y Llanes, *corregidor* of Salamanca, decided on the creation of a new city square on the site of Plaza de San Martín. At the end of 1729 the project was assigned to Alberto de Churriguera, who directed the first phase of the work, which had to be stopped between 1735 and 1750 due to legal disputes with some of the landowners. In 1750 his nephew, Manuel Larra Churriguera, took over, as Alberto had died in 1740. Alberto wanted to build a square site, which proved impossible due to the location of the church of San Martín and of some aristocratic homes that had to be respected. That's why the square is slightly irregular, as none of its four sides are the same length, varying between the 75.6 metres on the San Martín side and the 82.6 metres on the City Hall side. It forms a porticoed Baroque space with 88 semi-circular arches supported on pillars. The portico provided somewhere out of the rain in which to hold the market. Above it are three-storey buildings with 247 beautiful wrought-iron balconies, which must have been used to enjoy public spectacles. The spandrels between the arches are decorated with medallions depicting Spanish kings and queens, *conquistadors* and nobles.

The Royal Pavilion was built during the first phase and was supposed to be for the king and queen to preside bullfights, something which apparently never happened. The main arch is presided by an image of Saint Ferdinand and is flanked by medallions representing Philip V of Spain and Elisabeth Farnese, the ruling monarchs at the time of its foundation.

The City Hall is the work of Andrés García de Quiñones, who took over from Manuel de Larra Churriguera. Its three storeys, enhanced by cornices, stand higher than the other buildings and it is crowned by an elegant bell gable with three bells. It has typical baroque decoration with ornate borders, curves and pediments. The original project, according to the dazzling mock-up ordered by Quiñones, included two side towers that were never built because at the last moment the architect had doubts as to the stability of the soil. As a curiosity, the students' New Year is held in Plaza Mayor, with the traditional twelve grapes eaten as the clock strikes midnight, but a couple of weeks early, before the students disperse for the Christmas holidays.

Illustrations

p. 125. Aerial view of Plaza Mayor showing its harmonious geometry.

pp. 126-127. Façade of the Royal Pavilion, the oldest in the square.

Altamira cave

Santillana del Mar (Cantabria)

In 1868 a lucky combination of chance events led to one of the most important discoveries in western archaeology: Altamira cave. Modesto Cubillas was hunting in the hills near Santillana del Mar when his dog went down a hole and didn't come out. When Modesto went to rescue the animal, he found it sniffing at some bones by what looked like the entrance to a large cave. On his way home he reported the discovery to his employer, Marcelino Saenz de Sautuola, who owned the land and who was a restless intellectual who included palaeontology amongst his many interests. Sautuola made several visits to the cave in search of fossils. On one of these visits, accompanied by his daughter María, while he stayed in the entrance to the cave, she ventured inside. A moment later she came running out to tell her father there were 'painted oxen' on the ceiling. This is how the Sistine Chapel of prehistory was discovered.

When Sautuola reported his discovery to the scientific world, the archaeological establishment refused to believe the paintings were genuine and accused Sautuolo of fraud. Indeed, the enormous realism of the animals that appear on the walls and ceiling of the cave seemed to them to be beyond the limited artistic skills they attributed to Palaeolithic man. When very similar pictures were discovered later in the south of France in association with fossils and tools from the same period, the archaeological community had no choice but to accept the evidence: Palaeolithic man knew how to represent nature in a wealth of detail.

Altamira cave is 270 metres long. In fact, it forms a series of caves, a vestibule by the entrance, an immense chamber containing the most spectacular group of paintings, and a series of smaller chambers, some of them also decorated with rock paintings. The paintings go back to the Magdalenean and Solutrean, in the Upper Palaeolithic; in other words, they are about 14,000 years old. They make up a splendid illustration of the fauna of the time, with animals that are now extinct, such as the mammoth or bison, perfectly reproduced. Their purpose is not known to us, though it's agreed they must have had some religious meaning, because if they had been purely decorative it would have made no sense to put them in the dark in the depths of the cave, where they could only be seen by artificial light.

Illustrations

p. 129. Top, the entrance to the cave; below, tectiform paintings in the 'horse-tail' gallery and painting of the Great Deer.

p. 130. The Polychrome Ceiling.

p. 131. The emblematic Crouching Bison

OTHER CULTURES

The Alhambra

(Granada)

Legend has it that when Boabdil, the last Muslim ruler of Granada, left the city to go into exile, he came to a pass, now known as the Moor's Sigh, and on turning to look back for the last time on the Alhambra he broke down in tears. *Se non è vero è ben trovato*. Leaving behind such a palace is not unlike being irremediably driven out of Paradise. Granada was the last Muslim kingdom on the Peninsula and the Alhambra (from *qa'lat al-Hamra*, Arabic for 'red fortress') was its royal palace and administrative centre. The palace complex was built in the 13th century by the first ruler of the Nasrid dynasty, Muhammed I, on the site of the ancient castle on the Al-Sabikah hill, which dominated the whole city and the fertile countryside surrounding Granada. His successors, Yusuf I and Muhammed V, gradually enlarged the complex during their reigns in the 14th century, and it is to them we owe most of the buildings that have come down to us: the royal palace, the baths, the Palacio de Comares, the Sala de la Barca, Puerta de la Justicia and the Courtyard of the Lions, around which Muhammed V built his sumptuous palace. These two monarchs also added smaller buildings and altered previously existing elements such as the walled precinct and the decoration on the towers. In keeping with traditional Arabian architecture, the royal residences were arranged around open courtyards and well-tended gardens, forming a spectacular series of buildings masterfully combining open and closed spaces. The Arabs, a desert people, worshipped water and they created a series of fountains and channels that crossed courtyards and interiors forming a highly efficient natural cooling system for the summers in Granada. After the conquest of the city by the Catholic Monarchs in 1492, the palace underwent various alterations. The most obvious is undoubtedly the palace Charles V had built next to the Alhambra in order to enjoy the beauty of the monument. This building, designed by the architect Pedro Machuca in a refined Italian Mannerist style, became the summer residence of the imperial court. Today it houses the Museo Nacional de Arte Hispano-Musulmán and the Museo de Bellas Artes de Granada. The Alhambra is Spain's most visited monument and at many times of the year tickets have to be booked some weeks in advance.

Illustrations

p. 135. Aerial view of the palatine compound.

p. 136. Left: top, view of the exterior of the Alhambra, showing the fortifications; Patio de la Acequia and, bottom, Patio de los Arrayanes or de Comares. Right, Sala de los Mocárabes and, bottom, Sala de las Camas.

p. 137. Courtyard of the Lions.

The Mosque of Córdoba

On 15 May 756, Abd al-Rahman I (731-788), one of the few Umayyads to have escaped the slaughter ordered by the Abbasids, defeated Al-Fihri at the battle of Al-Musara in Al-Andalus. Proclaimed the emir of Córdoba, he is considered the founder of the Umayyad dynasty that ruled Al-Andalus until the year 1031. When he decided on the construction of a mosque in the capital, Abd al-Rahman didn't just want to build a place of worship, but also to create a symbol that would assert the grandeur of Islam over Christianity and compete favourably with the greatest mosques in the Muslim world, especially that of Damascus, the caliphate he had broken away from.

The Mosque of Córdoba is the chief work in the Hispanic-Arabian style of the first years of the Muslim occupation and one of the most important of its time in the Islamic world. It was built over the old Christian cathedral of San Vicente, which Abd al-Rahman purchased from the Mozarabic community, and its construction made use of many materials from Visigothic churches, such as shafts of columns, friezes and capitals. It also used local architectural techniques, such as the semi-circular horseshoe arch, of Visigothic origin, which spread from Al-Andalus to the Maghreb and even to the Middle East. The mosque's original floor plan had only eleven aisles separated by columns. However, Abd al-Rahman I's successors Hisham I, Hisham II and Al-Mansur successively added more aisles to keep up with the growing population, thereby creating the forest of columns that make up the temple's iconic image. The disproportion between its large surface area and the height of the ceiling made it necessary to increase the height of the roof. Faced with the difficulty of finding columns with a long enough shaft, a second and even third level of arches were added, a solution that makes the Mosque of Cordoba unique. To give the arches their colour, a combination of white marble and red brickwork was used. In 1238, when King Ferdinand III conquered the city, the Mosque was consecrated as a Christian cathedral and later, in 1523, construction began in the centre of the temple of the present Renaissance and Plateresque cathedral, a work that was completed more than a century later. Despite the beauty of the new temple, Charles V, on seeing the outcome, is supposed to have uttered the famous words, 'You have destroyed what was unique in the world and have put in its place what can be seen anywhere'.

Illustrations

p. 139. Left: top, general view of the mosque, with the cathedral emerging over the roofs of the Muslim galleries; bottom, Doorway of Al-Hakan II. Right: the mihrab and the characteristic double arches of the mosque.

pp. 140-141. A striking view of the forest of columns inside the mosque.

The Alcázar of Seville

Although most of the architectural elements that can be seen today are additions made after the conquest of Seville by Ferdinand III (1248), they nevertheless adhere to the original Moorish style, with the buildings arranged around courtyards and gardens. The Christian rulers also respected the original ornamental style and incorporated Mudéjar and Morisco elements.

The earliest construction documented is a fortified palace built in the 12th century by the Almohad emir Abu Yaqub Yusuf. Nothing remains of this except for some parts of the wall, the archway of the Patio de Banderas and the Patio del Yeso, with its refreshing canal and some beautiful large horseshoe arches flanked by other smaller ones, an Almohad detail later repeated by the architects of the Nasrid kingdom. It's worth remembering that the Alcázar of Seville has been a royal residence uninterruptedly from the days of Abu Yaqub Yusuf to our own. This is where Juan Carlos lodges when he's in Seville and it was from here that the infanta Elena's wedding procession set out.

Entry to the Alcázar is by the Puerta del León, to the right of which stands the Palacio de Justicia, built in 1340 by Alfonso XI in a Mudéjar style to commemorate his victory in the battle of El Salado. It is richly decorated with stuccoes and the coats of arms of the noblemen who fought beside Alfonso XI in the battle.

The Patio de la Montería has a façade built by Peter I the Cruel (1334-1369), which is so beautiful that the Nasrid Sultan Muhammed V, a guest of the Spanish king, had it reproduced on the entrance to his palace of Comares in Granada. To the right of this courtyard is the Casa de Contratación, built in 1503 by the Catholic Monarchs to channel trade with the Indies. Peter I's palace has two clearly differentiated areas, one private and one for the court. The latter is arranged around the Patio de las Doncellas, with an elegant gallery of arches and lavish decoration in wood on doors and ceilings. Set around the courtyard are the Salón del Techo de Carlos V, named after the beauty of its coffered ceiling, María de Padilla's rooms, the Moorish Kings' room, which has a very interesting door, and above all the sumptuous Salón de Embajadores, with 14th-century doors and an impressive dome decorated with polychrome stucco and honeycomb work dating from 1427.

Illustrations

p. 143. Left: from the top, Patio de la Montería, Patio del Yeso and entrance to the Ambassadors' Room. Right: Jardín de las Damas and, bottom, King Don Pedro's Bedchamber.

p. 144. Patio de las Doncellas.

p. 145. Lavish decoration in one of the palace's inner rooms.

Madinat al-Zahra
(Córdoba)

Sticking to the tradition of so many Oriental rulers who used to build their own palace to exalt their greatness, in the year 936 Abd-ar-Rahman III al-Nasir li-Din Allah (he who fights victoriously for the religion of Allah), the first Caliph of Córdoba, decided to build a new palatine city which at the same time would be the seat of government and the Caliph's residence. He called it Madinat al-Zahra (the shining city).

The site is of extraordinary archaeological interest for two reasons. First of all, this type of Muslim town-planning is completely unorthodox, as the houses are not crowded the length of narrow winding streets, but laid out in orderly fashion in large spaces. Secondly, the urban area remains intact, its original layout unspoilt by later reforms. In fact, when the city was abandoned after 1010, it was gradually covered by mud, which has kept the remains in good condition in spite of the fact that for a long time it was used as a source of building material. The city had two walled precincts; the first surrounded the urban area and the second, inside the first, separated the Caliph's precinct from the rest of the city. Excavations and restoration work are currently under way to reveal and reflect the splendour of the old Caliph's city, though archaeologists are convinced that in the future many more remains will be dug up that will give us a clearer idea of the Hispanic-Arabian architecture of the time.

The site chosen, on a gently sloping hill, Jabal al-Arus (the bride's mountain), located eight kilometres from Córdoba and facing the valley of the Guadalquivir, allowed a perfect representation of the city's social stratification, with the palace at the top, dominating Madinat al-Zahra laid out on descending tiers at its feet. The city was arranged on three levels. The highest, obviously, was where the Caliph's residence stood and where so far the Palacio de los Visires and the Salón de Abderramán II have been recovered, the latter known as the 'Rich Hall' on account of its exuberant decoration. This is one of the most interesting buildings on the site. The remains are fairly complete and we can see the stucco work as well as the quality of the polished marble. According to contemporary sources, Abd-ar-Rahman III's palace was surrounded by a large open space covered with marbles that were polished until they magically reflected the palace like the water in a pond.

Illustrations

p. 147. Aerial view of the city and two details of the architecture in the palace.

pp. 148-149. Horseshoe arches characteristic of Andalusian architecture.

Jewish quarter of Girona

The Jewish quarter of medieval cities in Catalonia was called the *call*, from the Hebrew *kahal* (assembly or congregation). The *call* in Girona was very important not only for the local economy but also in the history of western Judaism. There are written accounts of the arrival in the city in the year 888 or 889 of 25 Jewish families from Juïgues, who settled in the area of the cathedral at the initiative of Count Delà, who in this way hoped to revitalise the city's economy. Certainly, the Jews tended to be skilful craftsmen and with their contacts with other Jewish communities in the Mediterranean and central Europe they maintained a lively network of international trade. Jewish presence in Girona lasted until their ignominious expulsion by decree in 1492, though from 1391 it went into decline due to the atrocious pogrom instigated by Vincent Ferrer. The Jewry in Girona played a fundamental role in medieval Hebrew culture, with the most important school of Kabbalah in the Jewish world at that time, known as the *Escola de l'ànima* (School of the soul), whose chief figures were Isaac the Blind (1160-1235), Ezra ben Solomon (died 1235) and Bonastruç ça Porta (Nahmanides, 1194-1270), who took part in the famous polemic with the Dominican Pau Cristià in the presence of the Catalan King James I the Conqueror.

Jewish quarters appeared in European cities as a result of the Christian population's mistrust of Jews and the wishes of the Jews to remain united as protection against possible pogroms and to keep their culture and religion alive. The first official Jewry was set up by Pope Paul IV in Rome. In general, these districts were surrounded by a wall and had gates that were closed at night. The *call* in Girona was established in the 12th century, when the Jewish community was moved from its original homes around the cathedral to Carrer de la Força. At its peak, the *call* had 800 inhabitants and was the second most important in Catalonia. Today, the marks of Jewish presence in Girona can be found in the steep alleyways with flights of steps and houses from that period, still complete with their magnificent doorways. The Centre Bonastruç ça Porta contains an interesting Museum of the History of the Jews and the Nahmanides Study Institute, as well as an information centre on the most important points open to visitors in the old Jewish quarter.

Illustrations

p. 151. Top, the jigsaw puzzle of rooftops in the Jewish quarter and a little square in the *call* with the stone façades of its medieval houses; bottom, Carrer de Manuel Cúndaro, Casa Colls-Labayen in Carrer de la Força and the Isaac el Cec cultural centre.

pp. 152-153. Courtyard of the Centre Bonastruç ça Porta.

Jewish quarter of Besalú

(Girona)

Besalú is about 32 kilometres from Girona, on the banks of the river Fluvià. The traveller enters the town by a beautiful medieval bridge (14th century), a magnificent Romanesque work that takes advantage of the rocks in the river bed as the foundation for its seven arches. The bridge is divided into two sections at an angle to one another and is fortified with towers where tolls were levied. As visitors stroll through Besalú's pretty streets, they get the feeling time has stood still in the Middle Ages.

Besalú's Jewish quarter did not exist as such until 1415, the year in which a papal bull forced Jews living in the town to gather in a district surrounded by a wall and with a single entrance beside the river Fluvià, the Portal dels Jueus, discovered by chance in 2007. Until then, the Jews' homes were scattered around the town, though most of them lived in the vicinity of the synagogue and in the main streets of the town as they were usually well-off. The Jews are though to have settled in the town in about the 9th century, though there are no written accounts of their presence until 1229, when they are mentioned in a document on loans signed by James I the Conqueror. It's not known how many people made up the medieval Jewish community, but it must have been quite large as it is said to have had 17 doctors, for example, who as well as practising in the Jewish quarter also treated Christian patients.

The Jewry is entered by a small doorway that opens onto Plaça dels Jueus. The two most important monuments in the *call* are the synagogue and the *mikveh*. The former was begun in 1264, as we see in a document signed by James I authorising construction of the temple, but little remains of it today. Information panels in the square give one an idea of what the monument might have looked like. Below the remains of the synagogue we find the town's most interesting remains, the *mikveh*, or Jewish baths, which not only had a hygienic function, but also, and more especially, catered for the ritual bathing laid down in the Jewish religion. Entrance to the *mikveh* is by a flight of steps and an underground passage, which takes the visitor beneath the very centre of the old synagogue. Here there is an underground stone chamber with a semi-circular roof and a small opening through which light and air enter.

Illustrations

p. 155. Top, two of the *call's* narrow streets. Bottom, interior of the Jewish baths.

pp. 156-157. Romanesque bridge at Besalú, next to the town's Jewish quarter.

Synagogues of Santa María la Blanca and El Tránsito

Toledo

The City of the Three Cultures could not be without its remains of Jewish presence in old Sepharad. In fact, there are written records of a Jewish community in Toledo going right back to Roman times (4th century), although the city's Jewish quarter reached its moment of splendour in the Middle Ages. Before the 15th-century law banning them from holding public office, some Jews held official posts under the Christian rulers. One such case was Samuel ha-Levi, *almojarife* (treasurer) to Peter I of Castile, who in 1366 ordered the construction of the sumptuous synagogue of El Tránsito. In fact, this temple was the private oratory of the minister's lavish palace, of which only a few buildings survive today. The chapel was directly connected to the palace, so that Ha-Levi, his family and guests had no need to go out of doors to attend religious services. When the Jews were expelled by decree in 1492, the Catholic Monarchs donated the palace and the synagogue to the Order of Calatrava. The outside of the temple is spartan in its austerity, in contrast with the luxurious decoration inside. It forms an open rectangular space of great height, which gives it a majestic luminosity. The Oriental taste for overdone decoration can be seen in the walls, while the ceiling has beautiful octagonal coffering with inlaid marble and pictorial decoration. Between the walls and the ceiling is a stucco frieze with Davidic psalms and the coats of arms of Castile and León. Today it is home to the Sephardic Museum and houses collections of objects relating to Judaeo-Spanish culture.

The synagogue of Santa María la Blanca is totally different. It was built in the 12th century, probably under the same architect responsible for the synagogue in Segovia, with which it shows numerous similarities. Whereas the synagogue of El Tránsito is an open space, that of Santa María has five narrow aisles separated by beautiful semi-circular horseshoe arches in the purest Mozarabic tradition. The columns and capitals, with their richly carved decoration, are admirable. It has an interesting coffered ceiling, probably the work of Muslim craftsmen. In fact, the architectural techniques used are clearly of Muslim inspiration, as further evidence that Toledo was indeed the city of the Three Cultures.

Illustrations

p. 159. East wall of the prayer room in the synagogue of El Tránsito.

p. 160. South wall of the synagogue of El Tránsito, with biblical inscriptions.

p. 161. Interior of the synagogue of Santa María la Blanca.

Jewish quarter of Hervás
(Cáceres)

The pretty little town of Hervás, standing on a rise in the Tras la Sierra range in the north of Cáceres province, has what is probably the best preserved Jewish quarter in Spain. Tradition has it that Hervás grew up around the shrine the Knights Templar built there in the 12th century. All that remains of this shrine are some curious octagonal columns that support the porticoes of the Casa del Miedo (House of Fear), so called because it was here that the Holy Inquisition interrogated those suspected of heresy. In the Middle Ages the town had an important Hebrew community who had arrived there escaping from the great pogroms of 1391 and at the initiative of the Duke of Béjar, who hoped that the diligent and hard-working Jews would activate the town's economy. At one point there were 45 Jewish families, a very high proportion if we bear in mind that a total of only 200 families lived in the town. In 1492, the Catholic Monarchs' decree expelling the Jews almost put an end to this community, as only 14 families were willing to convert to Christianity. The rest had to go into exile abroad, in particular to neighbouring Portugal, without even being able to sell off their property, as it was forbidden them by the then Duke of Béjar, Álvaro II. The community lived in the Jewry, a beautiful group of traditional buildings adapted to the rugged relief, with steep and narrow winding streets paved with cobbles from the river Ambroz. Hervás has preserved the memory of the old Jewry in street names such as Calle de la Sinagoga or Calle de la Cofradía, in memory of the brotherhood formed by the converts after the decree of expulsion. The two- and three-storey houses are wonderfully preserved. The walls are built using adobe bricks and rammed earth, reinforced with chestnut wood framing. They have characteristic overhanging roofs that are sometimes wood and sometimes tiled and large projecting balconies. In many cases, the façades are covered in pots with plants and flowers. Every year Hervás celebrates the so-called Feast of the Convert, at which the locals, suitably dressed up, fill the streets with a recreation of life as it must have been during the Middle Ages. The celebration ends with a performance of *La conversa de Hervás*, a play by Solly Wolodarsky, an Argentinian writer and film-maker of Jewish descent who lives in the town.

Illustrations

p. 163. Aerial view of the Jewish quarter of Hervás and streets in the Jewry.

pp. 164-165. Typical cobbled streets in the Jewish quarter in Hervás.

MUSEUMS

Museo Nacional del Prado
Madrid

The building housing one of the world's greatest art treasures was built in 1785 by the architect Juan de Villanueva (1739-1811) as a Cabinet of Natural History. However, after 1819 it was given the role of housing canvases from the valuable collections of the Spanish royal heritage. This sets it apart from other great art collections like the Louvre, which were intended to offer an exhaustive view of the history of art. The museum is home to thousands of pictures from all pictorial schools, though obviously Spanish painters predominate and, amongst them, without any doubt, the great Diego Velázquez and Francisco de Goya stand out. The former painted the world-famous picture *Las Meninas*, a work that has been and still is the subject of numerous critical studies. The picture has a complex, mysterious composition. In the centre, dressed in white, is the infanta Margarita surrounded by her *meninas*, or attendants. The painter's self-portrait appears on the left, observing the scene as though in a mirror. In the background can be seen the king and queen reflected in a small mirror to the left of the door in which the chamberlain appears. The sudden arrival of the king and queen seems to have frozen the activities of some of the characters.

Amongst the works by Goya kept in the museum are two of his masterpieces. The first, *La maja desnuda*, is a picture shrouded in mystery. It is not known who it was painted for and although some critics say it is a portrait of the Duchess of Alba, the face painted by Goya is not the that of the aristocrat but a superimposed stereotype. It was the first picture in the history of western painting to show pubic hair and also the first to represent the nude without looking for an excuse in mythology, the Bible or legend. The subject's attitude, looking defiantly at the observer and unashamedly exhibiting and offering her body, wasn't to the liking of the Inquisition, who issued Goya with a summons, though the trial never went ahead. Another painting, *The Third of May 1808*, with its narrative rhythm, seems to foreshadow the graphic press of the 20th century. Lying at the bottom, on the left of the picture, are the bodies of two insurgents who have just been shot by the firing squad; farther to the right, drawing our gaze with his bright white shirt, is the man about to die; in the background, in shadow, beyond the line of soldiers as impersonal as death itself, the condemned men awaiting execution, weeping and praying. There can be no better way of narrating a tragedy.

Illustrations

p. 169. Diego Velázquez, *Las Meninas*, *c*. 1656-1657. Oil on canvas. Museo Nacional del Prado, Madrid.

pp. 170-171. Francisco de Goya, *La maja desnuda*, *c*. 1795. Oil on canvas. Museo Nacional del Prado, Madrid.

Museo Nacional Centro de Arte Reina Sofía

Madrid

Dazzled by the classical painting heritage in its museums, Madrid had neglected its more modern art. The situation was remedied by enlarging the Prado museum and opening the Queen Sofia Art Centre National Museum, located in the former Hospital General, the work of Hermosilla and Sabatini (18th century), and home to works of art from the 20th and 21st centuries. The museum is constantly evolving and adding to its collections with new acquisitions, but mainly with donations by the heirs of great painters, as in the case of the Catalan painters Joan Miró and Salvador Dalí. Other artists profusely exhibited in the museum are, amongst the Spaniards, Chillida, Oteiza, Tàpies, Saura and Equipo Crónica, and, amongst the foreigners, Braque, Calder, Magritte, Léger, Bacon and Lichtenstein. The star of the museum, however, its real rationale, is without any doubt at all *Guernica*, by Pablo Picasso (1881-1973). Since 1981, the year of the painting's arrival in Spain from the MOMA in New York, the painting had been exhibited in the Casón del Buen Retiro, without any kind of chronological context. At the Reina Sofía it can be seen amongst contemporary works and, in particular, surrounded by preliminary sketches and studies that help us understand the creative process the great genius followed. This immense canvas (349.3 cm x 776.6 cm) was commissioned from the painter by the Government of the Spanish Republic for the Spanish Pavilion at the International Exhibition in Paris in 1937. Picasso conceived the canvas as a condemnation of war, suffering and innocent deaths. The subject is the air raid by the German Condor Legion on the town of Guernica in Guipuzcoa, a gratuitous act of war that caused a large number of civilian deaths. To represent the drama of the scene, Picasso used a very neutral range of whites, blacks and greys that underline the poignancy of the figures in their suffering. Everything is pain and desolation in the picture: the howl of the mother with her dead child in her arms, like a Cubist Pietá, the dead warrior with the broken sword in the foreground, the horse in its death throes, the figure entering the scene in the top right corner of the picture, with a lamp in its hand... In the centre of the picture is the only static, inexpressive character: Picasso himself, represented in the form of a bull, imitating Velázquez in *Las Meninas*, contemplating the scene and the observer at the same time.

Illustrations

p. 173. Antonio Saura, *Shout 7.59*, 1959. Oil on canvas. Museo Nacional Centro de Arte Reina Sofía, Madrid.

p. 174-175. Pablo Picasso, *Guernica*, 1937. Oil on canvas. Museo Nacional Centro de Arte Reina Sofía, Madrid.

Teatre-Museu Dalí

Figueres (Girona)

Who better than Salvador Dalí himself to describe this museum, the genius's last great creation? In his words, 'It's obvious that other worlds exist; that much is certain; but … they are in our own, they reside in the earth, in the exact centre of the dome of the Dalí museum, where all the new and unsuspected world of Surrealism is'.

In 1961, when the Mayor of Figueres approached Dalí with the idea of setting up a museum of his work on the ruins of the municipal theatre, the great artist accepted enthusiastically. In fact, he was delighted that his great museum should be in his home town and fell in love with the overawing mystery of the ruins of the theatre; as he himself said, 'I am an eminently theatrical painter'. The painter therefore got down to work and spent more than a decade planning the details of the project and even producing work for the sole purpose of exhibiting it in the Theatre-Museum, which finally opened on 28 September 1974. The most characteristic images of the building's exterior are of the large eggs crowning the façade and the transparent reticular geodesic dome, a work by the architect Emilio Pérez based on an idea by Dalí. The museum is divided into three parts. The first is the actual theatre, designed by Dalí in person and a genuine work of art in itself, from which no single element could be removed without spoiling the effect as a whole. It houses works by Dalí from his earliest beginnings until the last days of his life, amongst which some that stand out are *Self-Portrait with L'Humanité*, *The Spectrum of Sex-Appeal*, *Portrait of Gala with Two Lamb Chops on her Shoulder* and *Atomic Leda*. The theatre also includes the *Rainy Cadillac* and the *Mae West Room*, created specially for Dalí by the architect Òscar Tusquets. This room reproduces the actress's face in three dimensions out of the furniture in the room: a red sofa forms her sensual lips, some unique curtains by the hairdresser Llongueras form her blond hair, etc. A second section consisting of various rooms added onto the museum without Dalí's involvement contains pictures by the artist and by other painters he was particularly keen on. This is the most 'museum-like' part of the building, with the works exhibited on the walls in the conventional manner. The last section, inaugurated in 2001, exhibits jewellery designed by Dalí, most of it from the Owen Cheatham collection, and the drawings the artist made in designing it.

Illustrations

p. 177. Salvador Dalí, with the collaboration of Oscar Tusquets, frontal view of the Mae West Room, 1974 Teatre-Museu Dalí. Figueres (Girona).

p. 178. Salvador Dalí, *Atomic Leda*, 1949. Oil on canvas. Teatre-Museu Dalí. Figueres (Girona).

p. 179. Salvador Dalí, *The Spectre of Sex-Appeal*, 1934. Oil on canvas. Teatre-Museu Dalí. Figueres (Girona).

Museu Nacional d'Art de Catalunya

Barcelona

On the Montjuïc hill in Barcelona, forming part of an exceptional round of museums including the Archaeological Museum, the Joan Miró Foundation, Caixa-Forum Barcelona and the Ethnological Museum, is the National Art Museum of Catalonia. The building that has housed it since 1934 was originally the main building of the International Exhibition held in Barcelona in 1929. The object of the museum was to house a representative selection of the Catalan art of the last 1,000 years, from the Romanesque to the 20th century, though different events and a series of donations have enriched the local accent of the collections, which today include works by artists from the Spanish school, such as Velázquez, Zurbarán, El Greco and Ribera, and European painters like Rubens and Tintoretto. The most interesting sections of the museum are without any doubt the collections of Catalan painting from the 19th to 20th centuries, with painters like Casas, Rusiñol, Fortuny, Sert, Nonell and Tàpies, and, above all, the collection of medieval painting, especially the Romanesque mural art. At the end of the 19th century and the beginning of the 20th, a series of North-American collectors and art dealers, with the collusion of certain priests, began to remove some of the frescoes from the little Romanesque churches in the Pyrenees to sell them. To stop the pillage, the Institute of Catalan Studies and the Board of Museums decided to step in and organised an operation to rescue the frescoes, which were stripped off the walls of the churches and transported to Barcelona for safe keeping. They now make up the most important collection of Romanesque painting in the world. One of the most famous paintings is undoubtedly the *Pantocrator of Sant Climent de Taüll* (13th century), a beautiful anonymous fresco from the apse of the village church of Taüll in the Pyrenees. The whole of the ceiling is taken up by Christ in Majesty with his right hand raised in the act of forgiving the sins of the world, while in his right hand he is holding a manuscript book in which can be read in Latin the words 'I am the light of the world'. This figure, immaculately drawn with colours separated by heavy dark outlines, presents a very clearly defined image which illustrates the instructional role these frescoes must have had for preaching the Bible at a time when most of the population couldn't read or write.

Illustrations

p. 181. *Pantocrator* or *Christ in Majesty*, from the vault of the central apse of the church of Sant Climent de Taüll. Mural painting. Museu Nacional d'Art de Catalunya, Barcelona.

pp. 182-183. *Altarpiece of the Holy Trinity and Corpus Christi*. Tempera on wood. From the monastery of Santa Maria de Vallbona, Vallbona de les Monges (Lleida).

Church of Santo Tomé

Toledo

It may not be a museum, but it houses one of the most beautiful jewels of Spanish painting. The church of Santo Tomé would be worth a visit itself, even if it weren't the home of the masterpiece by Doménikos Theotokópoulos (1541-1614), *The Burial of the Count of Orgaz*. The church was built in the 12th century but was almost entirely remodelled at the beginning of the 14th. In fact, all that remains of the original church is the beautiful masonry and timber Mudéjar tower with its square floor plan. The present church, divided into a nave and three aisles and completed with a polygonal apse, stands out for its Plateresque chapel where *The Burial of the Count of Orgaz* is kept. The Lord of Orgaz (who was not a count as his descendants were only ennobled two centuries later) was the promoter of this rebuilding work and left an income for the church so that mass could be said for his soul in the chapel where he wished to be buried. This income is the origin of El Greco's beautiful painting. In the 16th century the town of Orgaz refused to carry on paying the income to the church of Santo Tomé, whereupon the parish priest, Andrés Núñez, brought a court action, which he eventually won. To commemorate this, the priest chose to spend the money obtained thanks to the action on a tribute to the church's benefactor. In 1586 he signed a contract with El Greco in which the painter undertook to paint a canvas for the dead man's chapel. The picture, a canvas measuring 4.8 metres by 3.6, illustrates the legend of the Lord of Orgaz, which tells how Saint Dominic and Saint Steven in person appeared at his funeral to bury him. The scene is divided into two clearly differentiated parts. At the top, in a semi-circle, is the kingdom of heaven, the church triumphant. The Virgin and Saint John, presided by Christ at the vertex, receive the knight's soul in the midst of seraphim and other blessed souls. In the lower, rectangular part, the miracle takes place in the foreground before the eyes of the knights attending the burial, who form a dark background from which their heads emerge, with meditative and stunned expressions. Other figures in the painting who have been identified include the parish priest of Santo Tomé, Andrés Núñez, seen from behind, wearing a white chasuble, a boy pointing at the miracle, probably El Greco's son, and representatives of the city's chief religious orders.

Illustrations

p. 185. El Greco, *The Burial of the Count of Orgaz*, 1586-1588. Oil on canvas. Church of Santo Tomé, Toledo.

pp. 186-187. Details.

Museo de Bellas Artes

Seville

Like so many other Spanish painting museums, the Museum of Fine Arts in Seville was founded to house the works from the convents abandoned by their religious communities following the confiscation of church property in 1835. It is housed in the beautiful convent of La Merced Calzada, a 17th-century building by the sculptor and architect Juan de Oviedo y de la Bandera on the site of the former 13th-century Mudéjar convent. The church, the monumental staircase, the main cloister and the Claustro de los Bojes are all his work. During the 18th century, this magnificent specimen of Andalusian Mannerist architecture underwent various alterations, like the 1724 reform by Leonardo de Figueroa of the beautiful upper cloister or the addition of the splendid Baroque façade, profusely decorated with Solomonic columns and split pediments, crowned by a bell-gable in masonry and stone.

As regards the content, the Museum of Fine Arts in Seville is Spain's second art collection. The nucleus of the collections, as described above, are the works from confiscated convents, which explains the predominance of religious items in the museum. Thanks to Seville's monopoly of trade with the colonies, the city lived a period of prosperity that materialised in the foundation of numerous convents who commissioned canvases from the best painters of the day. The Seville school of painting, as it is called, which is splendidly represented in the museum, includes 16th-century artists like Alejo Fernández and Alonso Vázquez, but especially 17th-century painters such as Francisco Herrera the Elder, Alonso Cano, Juan de las Roelas and, of course, the four great figures of the Spanish Golden Age: Diego Velázquez, Francisco de Zurbarán, Juan de Valdés Leal, with his famous cycle of monastic paintings, and the great Murillo, whose splendid canvases of the Virgin –*The Immaculate Conception* (*La Colosal*), *Mater Dolorosa* and the *Virgin and Child* (*Virgin with Napkin*)– have an exhibition to themselves in the former church of the Mercedarian convent. Other great painters from other schools outside Seville present in the collections are Doménikos Theotokópulos (El Greco), José de Ribera, Lucas Cranach the Elder and Francisco de Goya. The museum also has a sample of Andalusia's rich imagery, with works by Juan de Mesa and Juan Martínez Montañés, as well as beautiful painted tile-work.

Illustrations

p. 189. Bartolomé Esteban Murillo, *Virgin of the Napkin*, *c*. 1666. Oil on canvas. Museo de Bellas Artes de Sevilla, Seville.

p. 190. Francisco de Zurbarán, *St. Hugo of Grenoble in the Carthusian Refectory*, *c*. 1655. Oil on canvas Museo de Bellas Artes de Sevilla, Seville.

p. 191. Francisco de Zurbarán, *Apotheosis of St. Thomas Aquinas* , 1631. Oil on canvas. Museo de Bellas Artes de Sevilla, Seville.

Museo Nacional Colegio de San Gregorio

Valladolid

One of the results of the confiscation of church property in 1835 was that many convents and monasteries were abandoned complete with the immense artistic wealth they had built up over the centuries. For that reason, the Provincial Museum of Fine Arts was set up in Valladolid in 1842 to rescue as many of these works of art as possible and make them available to anyone interested. In 1933 the museum was raised to the category of 'National Museum', moved to the Colegio de San Gregorio and had its name changed to National Museum of Sculpture. The last large-scale intervention by the state was in 2009, when after 9 years of work the Colegio de San Gregorio was completely restored and refurbished to exhibit the works according to the most up-to-date museum criteria. It's worth looking at the building itself, a 15th-century school with a beautiful late Gothic doorway, an extraordinary cloister and a very beautiful Mudéjar coffered ceiling. Although the museum houses sculpture of all sorts (seating, altarpieces and reliefs) and some valuable paintings, the most numerous and interesting works are the religious carvings from the 15th to 18th centuries, especially the ones in polychrome wood. It exhibits works by important artists from the 15th century, like Juan de Mena, from the 16th century, like Felipe Bigarny, Alonso Berruguete and Juan de Juni, from the 16th to 17th centuries, like Pompeo Leoni, from the 17th century, like Gregorio Fernández, and from the 18th century, like Francisco Salzillo, Juan Alonso Villabrille, and Luis Salvador Carmona, who produced all sorts of works, from altarpieces to nativity scenes and floats for processions. One of the museum's most outstanding works is undoubtedly the *Altarpiece of Saint Benedict*, a masterpiece by Berruguete dating from between 1527 and 1532, after his stay in Italy, where he had the chance to work with the great Renaissance artists. The altarpiece is made up of a series of sculptures in polychrome wood illustrating different episodes from the Bible and the life of Saint Benedict, such as the *Sacrifice of Isaac, Saint Benedict and the Miracle of the Water*, the *Adoration of the Magi*, *Saint Christopher and the Child*, the *Martyrdom of Saint Sebastian* and *Saint Maurus Saving Saint Placidus*. In these carvings Berruguete made skilful use of traditional medieval techniques such as gilding, while the compositions have a vital energy, expressiveness and movement that go beyond Berruguete's Renaissance training to give a foretaste of the vehemence of Baroque.

Illustrations

p. 193. Alonso Berruguete, *The Sacrifice of Isaac*, 1526-1532. Carved polychrome wood. From the main altarpiece of the monastery of San Benito in Valladolid. Museo Nacional de Escultura, Valladolid

pp. 194-195. Juan de Juni, *Burial of Christ*, 1541-1544 Museo Nacional de Escultura, Valladolid

Museo de Bellas Artes

Bilbao

Unlike the Spanish museums of fine art founded thanks to the confiscation of church property in the 19th century, or the Prado museum, built up around the collections in the Spanish royal heritage, Bilbao's Museum of Fine Arts began life thanks to private initiative and, more specifically, the maecenas Laureano de Jado, who donated his collection for exhibiting in the future museum. The museum was founded in 1908 and inaugurated in 1914 in the Escuela de Bellas Artes. The museum was quickly accepted by Bilbao society and before long institutions and private citizens considerably added to the collections with donations and purchases. In 1938 the Museum of Fine Arts was merged with the Museum of Modern Art and the architects Fernando Urrutia and Gonzalo Cárdenas were hired to design today's Neo-Gothic premises in the Parque de Casilda Iturrizar. By the 1960s the museum had outgrown the new building and an enlargement was commissioned from the architects Álvaro Líbano and Ricardo Beascoa, who designed a totally different building in steel and glass inspired in the work of Mies Van der Rohe. Between 1996 and 2001, the building underwent a radical reform to adapt it to new museum criteria and give it its present appearance. The museum houses collections of drawings, paintings, sculptures and applied art ranging from the 12th century to the present day. It owns splendid collections of Gothic, Dutch and Flemish works, though those best represented are the Spanish school of the Siglo de Oro and the Basque art of all periods. It has works by El Greco (*The Annunciation*, *Saint Francis in Prayer before the Crucifix* and *Mary Magdelene, the Penitent*), Francisco de Zurbarán (*Saint Elizabeth of Thuringia*, *Saint Catherine of Alexandria*, *The Virgin with the Child Jesus and the Child Saint John the Baptist*, amongst others), José de Ribera (*Mary Magdalene*

Penitent and *Saint Sebastian Cured by the Holy Women*), Goya (*Portrait of the Poet Moratín and Portrait of Martín Zapater*) and Bartolomé Esteban Murillo (*Saint Lesmes* and *Saint Peter in Tears*). The art of the 19th and 20th centuries is represented by figures of the calibre of Federico de Madrazo, Mariano Fortuny, Joaquín Sorolla, Ignacio Zuloaga (with a number of splendid works), Pablo Gargallo, José Gutiérrez Solana, Manolo Millares and Antoni Tàpies. The museum holds regular temporary exhibitions of interest in collaboration with the most prestigious Spanish and foreign museums.

Illustrations

p. 197. El Greco, *Annunciation*, 1596-1600. Oil on canvas. Museo de Bellas Artes, Bilbao

p. 198. José de Ribera, *Saint Sebastian Cured by the Holy Women*, 1621. Oil on canvas. Museo de Bellas Artes, Bilbao

p. 199. Ignacio Zuloaga, *Portrait of the Countess Mathieu de Noailles*, 1913. Oil on canvas. Museo de Bellas Artes, Bilbao

CONTEMPORARY ARCHITECTURE

Guggenheim Museum

Bilbao

When the Basque authorities decided to build a Guggenheim museum from scratch on the site of Bilbao's dismantled metallurgical plants, it was the start of a long process that was eventually to put the city on the international museum map and in handbooks on architecture the world over. The project was commissioned from the internationally renowned architect Frank O. Gehry, the author of important public buildings related to culture, such as the Frances Howard Goldwyn Regional Branch Library and the California Aerospace Museum, both in Los Angeles, and the American Center in Paris. Inaugurated in 1997, the museum stands on the former industrial site of Abandoibarra, next to the La Salve bridge. This bridge, running along a gallery beneath the museum, has been integrated into the architectural complex. The museum's avant-garde architectural style makes it a work of art in itself, to the extent that the board has considered the possibility of charging for image rights in the case of photographs of the museum reproduced in art books. It consists of a set of a few orthogonal volumes and a majority with fanciful curved shapes that overlap one another in what seems to be chaotic disorder. The whole is covered by a 'skin' formed by 33,000 titanium sheets, which despite the lightness suggested by its undulating forms weighs no less than 60 tons. The complexity of the mathematical calculations involved in the metal structure supporting the glass and limestone exterior would have been impossible in the pre-computer age. Limestone was chosen because in contact with the damp conditions prevailing in Bilbao it ages rapidly and takes on an attractive pink colour. Access to the museum is by an enormous, diaphanous, light-filled atrium, which connects the three levels of the building, a total of 22,000 square metres of exhibition space distributed over 20 galleries. The complex also houses an auditorium with room for 300 people, a restaurant, a cafeteria and a bookshop. Although it has a permanent collection of 20th-century art, its main interest lies in the fact that it forms part of the network of Guggenheim museums and has access to the network's inexhaustible collections for its fascinating temporary exhibitions. This is a museological concept in keeping with our globalised society, which is as avant-garde as the building's architecture itself.

Illustrations

p. 203. Views of the building's intricate interplay of volumes and of the ethereal structure from the interior.

pp. 204-205. Spectacular night view of the Guggenheim Museum.

Pavilion bridge

Zaragoza

Until the 19th century, building a bridge, something which was heavily dependent on the course of a river at a given point, was a determining factor in trade routes for miles around and even in the making or not of a city. Ever since modern technology has allowed the use of iron constructions, first, followed by rolled steel and then pre-stressed concrete, bridges have proliferated to the point where, without losing their functional importance, they have become genuine monuments in which governments have attempted to illustrate their prestige and engineers their skills. Zaragoza's Pavilion bridge fulfils its role as a bridge by spanning the Ebro at Zaragoza. However, its interior houses halls, staircases, corridors, galleries and large windows with panoramic views over the city. It is therefore also a pavilion and fulfilled this role during the 2008 International Exhibition in Zaragoza, along with the Torre del Agua (Water Tower) and the Acuario Fluvial (River Aquarium). It was designed by the prestigious Iraqi-British architect Zaha Hadid as the main entrance to the exhibition and at the same time as one of the pavilions. In fact, it forms a horizontal construction lying across the Ebro in the form of a gladiolus, with the thin stem rooting on the Almozara bank, opening out over the river towards the left bank, the site of the Expo, with two of its three spikes appearing to float in the air. The two-tier bridge is 270 metres long and is supported at three points, the main one on an islet in the river and two secondary ones on either bank. Since the terrain is unstable and not very firm, it was necessary to drill down 70 metres to find solid ground on which to lay the foundations. The bridge was built entirely on dry land and to put it in place over the river its 2,200 tons had to be moved 125 metres with no support, in a complex manoeuvre that took 53 days. It was moved on two sets of wheels, one at the front and one at the back, driven by hydraulic jacks. The operation involved a synchronised team of 150 assemblers and welders who secured the structure as it was moved forward. After the Expo 2008 closed, the Pavilion bridge was awarded to

Ibercaja for conversion as a series of buildings devoted to culture and new technologies.

Illustrations

p. 207. Interior of the pavilion bridge, showing the structure of the building.

pp. 208-209. General view of the bridge's bold design.

Ciutat de les Arts i de les Ciències de València

Seven years, from the moment the idea first took shape in 1991 to the inauguration in 1998, were all it took for Valencia's City of Arts and Sciences to become a centre for cultural dissemination and educational leisure unequalled in Spain. The aim of the institution was to create a large theme park centring on science, exhibited in an attractive format, and on art in general and the performing arts especially. A change in the autonomous government altered the initial project, replacing a planned 370-metre communications tower, which would have been the world's third-highest, with an opera house and adding an oceanographic park. This complex, occupying two kilometres of the former Turia river bed, diverted after tragic flooding in 1957, completed the leisure offer there. The project was undertaken by Santiago Calatrava and Félix Candela, two leading names in contemporary engineering and architecture, who created a series of buildings for the complex, dominated by organic forms, curved and inclined lines and open spaces, with exterior braces instead of interior columns. Calatrava, a roads engineer, architect and sculptor, drew on his experience in the construction of ethereal suspension bridges to create its weightless spaces. The Palau de les Arts Reina Sofía, the Hemisfèric and the Príncipe Felipe Science Museum are all his work. Fèlix Candela, who died a short time before the complex was inaugurated, conceived the auxiliary buildings of the Oceanogràfic, Europe's largest aquarium, with more than 500 species of marine animals, which the visitor can look at 'from the inside'. The Palau de les Arts Reina Sofía consists of four concert halls, ranging from a large auditorium to a small room for chamber music, set amidst gardens and ponds that reflect the avant-garde lines of the buildings. The Hemisfèric is a cinema with a giant, wrap-around screen that heightens the special effects and the spectacular feel of films and documentaries. Finally, the Príncipe Felipe Science Museum is one of the modern, interactive museums in which *not touching* is forbidden and the visitor is encouraged to produce small physical or chemical phenomena in a mixture of play and learning.

Illustrations

p. 211. Left: interior of the Príncipe Felipe Science Museum; right: top, the auditorium, with the load-bearing structure visible; bottom, the spectacular Oceanographic Museum.

pp. 212-213. General views of the City of Arts and Sciences.

Ciudad del Vino

Elciego (Rioja alavesa)

Traditionally, the great wine cellars have been hidden underground, keeping their wine-making methods and their little tricks secret. Wine making has for centuries been an activity steeped in conservatism. Well, this seems to have come to an end. Just as administrations and large corporations have sought out the most famous architects to materialise their prestige in the form of hyper-modern buildings, so too leading wine labels have decided to set themselves apart by building sightly avant-garde wine-making complexes. The City of Wine, located in Elciego (Rioja alavesa), is the finest example of this merger between traditional and futuristic thinking which so many Spanish wineries have adopted as their brand image. In fact, inaugurated in 2006, this tribute to wine includes the old Marqués de Riscal wine cellars, whose construction began in 1858, and a hotel complex consisting of a spa for wine therapy, a convention centre, a luxury hotel and a restaurant. There is a story that the architect hired for the project, Frank O. Gehry, who also built the Guggenheim Museum in Bilbao, accepted the challenge after sampling a bottle of 1929 wine (the year of his birth) and finding it in perfect condition. Gehry was convinced that the star of the work had to be wine, but this didn't stop him using his favourite materials and his unique formal combinations. The liquid forms he dreamed up are embodied in the undulating titanium sheets that crown the building and bring to mind the movement of wine. As usual in Gehry's work, the spaces are arranged (or unarranged) in irregular, apparently chaotic overlapping volumes supported on slender columns grouped in threes. This allows the creation of overhangs that look like vine shoots and a curling roof that is also reminiscent of bunches of grapes swaying in the wind. The different parts of the whole, connected by a stainless steel structure, are open to the exterior via large glass panels which called for long investigation to come up with a material that would insulate the complex as required by the wine-making process. With the same leisurely contemplation and receptive spirit with which they can later sample the pleasures of wine tourism, visitors make an unhurried arrival at the site, enjoying a slow approach to the magical building, which seems to emerge from the earth like a metallic vine.

Illustrations

p. 215. Top: left, 'They've tied a ribbon on the village', as the locals say; right, the metal sunshades stop the direct sunlight but don't keep light out of the building's interior. Bottom, part of the titanium roof.

pp. 216-217. General view of the City of Wine.

Museo de la Evolución Humana

Burgos

Recent excavations at the Atapuerca site (Burgos) revealed very ancient fossil remains. The series documents human evolution from the hominids that lived about 750,000 years ago to today's *Homo sapiens*. These discoveries have revolutionised our knowledge of the arrival of our species in Europe, especially the site's most emblematic fossil, *Homo antecessor*, which suggested to experts that they had at last found the long-sought missing link. Nevertheless, later finds have refuted this idea. In this context, Burgos City Council decided to take advantage of the proximity of the site to make the city an international centre of interest in the field of human evolution. It was with this in mind and as an interactive theoretical complement to the facilities at Atapuerca, that the authorities in Burgos decided to set up the Museum of Human Evolution. The winning project in the international contest by tender convened by the City Council was the one by the Cantabrian architect Juan Navarro Baldeweg, the author of numerous cultural facilities including a recreation of the Altamira caves for tourists to visit. The museum was inaugurated in July 2007 and is complemented with a Human Evolution Research Centre and a Conference Centre, three glass cubes presiding an open space with gardens. The complex was conceived in keeping with the latest museological criteria, in which the building is designed according to the contents, on both the structural and the aesthetic levels. In the words of its creator, 'the building pays special attention to the relationship between [the architecture] and the contents exhibited in it'. The interior of the museum, a glass cube with highly refined lines, is therefore filled with light and vegetation as an evocation of nature, the landscape forming our ancestors' surroundings. The overhead lighting is an architectural feature of the museum. It bathes the interior, shining through the building's prismatic sections, which are covered with louvres to filter the excessive light of summer in Burgos. The interior of the building is entirely diaphanous; instead of walls, the ceiling is supported on visible red external structures. The trenches at Atapuerca are reproduced in the museum, along with the fossils unearthed there, in vertical sequences that make for a highly dynamic exhibition.

Illustrations

p. 219. View of the exterior and of rooms in the Museum of Human Evolution.

pp. 220-221. Exterior of the museum showing the diamond-shaped supporting structure.

Cuatro Torres Business Area
Madrid

When Real Madrid moved its training complex to Valdebebas, Madrid's local and regional authorities decided it was a wonderful opportunity to set up a large business centre to attract service sector companies and take the pressure off Madrid's historic centre, which was suffering from congestion by traffic it was never designed for. The capital's new financial centre, the brand image of the city planning of the new Castellana, was originally called Madrid Arena. This name was changed to the final one of Cuatro Torres Business Area (CTBA) to convey the cosmopolitan vocation of the business centre. The complex consists, basically, of four skyscrapers, the highest in Spain, and a convention centre still under construction. Work on the four towers began in 2004 and was completed in 2009. The CTBA, a beautiful spectacle of architecture, has totally changed Madrid's skyline with the dizzying height of its buildings, which contrast with the 'horizontal' development around it. The highest are the Caja Madrid building and the Torre de Cristal, both 250 metres in height. The former, designed by Norman Foster, consists of two large side elements in concrete that are joined at the top to form a graceful square arch. These two structures create ledges that support the 45 storeys, arranged in three groups projecting from the façade. Between these three blocks are an arrangement of platforms with 11 or 12 storeys. The Torre de Cristal, designed by Íñigo Ortiz, Enrique León and César Pelli, has 52 storeys, 47 of which are for offices and five for internal installations such as heating, air conditioning, lift machinery, messenger services, etc. The silhouette is startling, with its inclined façades like an Egyptian obelisk, and its beautiful rooftop botanical garden. The Torre Sacyr-Vallehermoso is the work of Carlos Rubio Carvajal and Enrique Álvarez-Sala Walter. This cylindrical skyscraper stands 236 metres high and has 52 floors, of which 33 are taken up by a 500-bedroom five-star hotel while the rest are offices. Finally, the Torre Espacio, by the New York firm of architects Pei, Cobb Freed & Partners is the 'smallest' of the group, at 223 metres and 57 storeys. It also has an unusual silhouette; its walls start from a conventional square floor plan to form a helix as they rise.

Illustrations

p. 223. Details of the façades of the Business Area towers.

pp. 224-225. Spectacular general view of the four towers.

Centro Cultural Internacional Niemeyer
Avilés (Asturias)

In 1989, the Brazilian architect and designer of the city of Brasilia, Oscar Niemeyer (born 1907), was awarded the Príncipe de Asturias Arts Prize. In 2006, to mark the 25th anniversary of the award, Niemeyer chose to contribute to the celebration by making a splendid gift to the Príncipe de Asturias Prize Foundation, the plans for a cultural centre, in his own words 'his most important and cherished project outside Brazil'. The Niemeyer International Cultural Centre in Avilés has many points in common with the Guggenheim Museum in Bilbao. Both are the work of internationally acknowledged architectural geniuses, both are located in run-down former industrial areas and both started life with the urge to put their respective cities on the map of the world's great cultural centres. The first stone in the complex was laid in 2008 and three years later, in March 2011, the inauguration took place. The event lasted three days and taking part was Woody Allen, another Príncipe de Asturias prizewinner, who gave a concert with his jazz band. The centre stands on the right bank of the Avilés ria and covers a surface area of 44,123 square metres, of which 16,726 are built up. Curved lines are the predominant architectural element, which is usual in Niemeyer, because as the famous architect says, 'the whole of the universe is made of curves'. The centre comprises a large open piazza conceived as a place for people to meet and four buildings, the most emblematic being without question the dome. This building has completely changed the skyline in Avilés and will for ever be associated with the image of the city. The 58-metre-diameter, 18-metre-high hemisphere has been built using a revolutionary technique. The surface of the future construction is covered with PVC sheeting which is inflated to achieve the desired shape. A team of builders then coat the interior of the sheet with concrete. The tower, another element of the group, consists of a circular platform supported by a central foot and housing a restaurant. The auditorium, with room for 1,000 people, has a stage which as well as facing the audience can also open onto the piazza for crowd events. The final element is a multifunctional building that houses the cinematheque, conference halls and a shop.

Illustrations

p. 227. General view of the centre, the circular structure housing the restaurant and a detail of the interior, showing the curved lines that predominate in Niemeyer's creations.

pp. 228-229. General view of the concourse, with the dome and the restaurant tower.

Museo de Arte Contemporáneo de Castilla y León

León

The architects Emilio Tuñón and Luis M. Mansilla, who worked with Rafael Moneo for more than ten years, took the stained-glass windows of León's Gothic cathedral as their inspiration in creating the coloured mosaic on the façade of the Castilla y León Museum of Contemporary Art. This mosaic is made up of 3,351 pieces of glass and its 37 colours were obtained by a process of digitalisation of the stained-glass window known as *The Falconer*, one of the oldest in the cathedral. This is not the only historical reference in this building, paradoxically described as the 'museum of the present'. In fact, the ground floor of the building, with its complex geometry, is itself made up of an 11-metre grid of squares and lozenges in a highly personal rendering of a type of paving from Roman times. The concave shapes of the museum form an exterior space that seems to be cradled in the multi-coloured façades. Inaugurated in 2005, the building was awarded the 2007 Mies van der Rohe prize, presented every two years by the foundation of the same name in Barcelona and by the European Union. This award has previously gone to professionals of the calibre of Norman Foster, Zaha Hadid and Rafael Moneo. The judges based their decision on 'the way in which a series of interrelated containers allows the creation of flexible interior spaces capable of solving the problems posed by the contemporary art exhibition'. The museum's interior is arranged in a series of continuous but distinct spaces in which instead of communicating areas like passages or hallways the exhibition organisers decide the course of the visit through their design or leave it up to the visitor. This interior space is characterised by the use of white concrete, which gives uniformity and luminosity to the whole. The wooden shuttering of the walls creates a rough surface with an old-fashioned beauty, while the exposed ceiling beams are made of white reinforced concrete. The floor is also made from the same material, but in this case continuous, polished and waxed. A series of elements vary the monotony of the whole though without interrupting the spatial unity: skylights, vestibules and mezzanines cheer the complex up like a weekday party. The interior courtyards, which are designed for holding temporary exhibitions, also add to the cheerful mood.

Illustrations

p. 231. Views of the museum building, the main entrance and details of the interior.

pp. 232-233. The colourful stained glass on the façade takes its inspiration from the windows of the cathedral.

TRADITIONS AND EVENTS

The Saint James's Way

According to Catholic tradition, in the year AD 42 or 44, Saint James the Greater was captured and beheaded by order of Herod Agrippa I, who hoped in this way to cut short the spread of Christianity in Israel. His dismayed disciples embarked his remains on a stone boat which was miraculously transported over the sea to the coasts of Galicia to a spot near Iria Flavia (Padrón), where he was buried. Almost eight centuries later, in the year 813, a shower of stars began to fall onto the apostle's burial mound (*Campus Stellae*, 'Field of Stars', whence the name Compostela). When Bishop Theodomir heard of it he visited the site and discovered the coffin with the remains of the saint. The news of the discovery spread like wildfire throughout the Christian West, which, under threat from the growth of Islam, interpreted the discovery as a sign from the heavens. Soon pilgrims began to arrive to worship the relics, until in the year 830 the Asturian King Alfonso the Chaste ordered a basilica to be built to house the apostle's tomb. In order to cater for the needs of the pilgrims, a city began to grow up around the basilica. At first, European pilgrims followed the Cantabrian coastline, but as the rulers of Castile and León gradually reconquered territory held by the Muslims, what is known as the French Way was established, entering the Peninsula by Roncesvalles and crossing Navarra, La Rioja, Castile and León to enter Galicia by Cebreiro. Since then, millions of pilgrims have travelled the Way as penitence, as a simple act of devotion, as a personal challenge or for personal reasons of their own. Whether or not one is a believer, travelling the Saint James's Way is a life-changing experience. No-one is the same after bearing the weariness and thirst, the heat and cold and the almost 800 kilometres from Roncesvalles to Santiago de Compostela on foot. But apart from the spiritual dimension of the Way, it has many other interesting things to offer. The pilgrims in fact were an important source of income for the inhabitants of the regions they crossed. Before long, new towns began to appear along the Way, with their medieval bridges, pilgrims' hospitals, churches, hospices, monasteries and castles. In the words of Luis Carandell, 'Spain has the largest open-air museum in the world, and this museum is called the Saint James's Way'.

Illustrations

p. 237. Top: left, the Way in Tierra de Campos, near Carrión de los Condes; right, Roman bridge at Noja (Cantabria) on the Northern Way. Centre: left, monastery of San Miguel de la Escalada (León); right, convent of San Marcos, now a state-run hotel. Bottom: left, the attributes of the pilgrim: the scallop shell, the gourd and the staff; right, hostel of Nuestra Señora del Pilar, in Rabanal del Camino (León).

p. 238. Façade of Santiago cathedral overlooking Praza do Obradoiro.

p. 239. Central column of the Pórtico da Gloria, Santiago cathedral.

Human towers

A town in Tarragona province is celebrating its local feast day. The crowd packs the square outside the Town Hall. In the middle, a *colla* (team) of *castellers*, dressed in white trousers and coloured shirts, form a compact mass, the *pinya*. The 'twos' climb onto the shoulders of the people making up this mass. They are robust men with waists of steel. A forest of hands reach out to prop them up. Indeed, the 'twos', the men who form the second storey of the *castell*, or tower, have to work harder than anyone, as they have to take almost the same weight as the people at the base, but at the same time keeping their balance and without the exterior support from the mass. They grasp each other firmly across the shoulders. The team leader watches, checking that everything is in order. '*Amunt!*', he cries, 'Up!' The 'thirds' climb on to the shoulders of the 'twos'. Now three storeys are standing. When there are five storeys to go to complete the tower, the drums begin to beat and the *gralles* (a kind of flute) sound, setting the pace of the tower and letting its components know how it's progressing. The crowd falls silent. The music changes subtly as each new storey is added, until the *enxaneta*, the little boy or girl who crowns the construction, raises one open hand. The *gralles* make a characteristic shrill sound, the drums roll, the crowd applauds enthusiastically. 'Tower loaded!' Now it has to be 'unloaded' quickly and smoothly because the *castellers* on the lower floors are almost dropping from exhaustion.

This traditional event originated in Valencia and caught on in the towns and villages of Tarragona at the end of the 18th century. Since the 1980s it has spread all over Catalonia, French Roussillon and the Balearics, thanks largely to live broadcasts on the Catalan government television channel. Apart from the aesthetic beauty of the constructions, the *castells* embody a series of human values which have led Unesco to declare them Intangible Cultural Heritage of Humanity. Indeed, raising one of these human towers requires different types of people. Those who are too old to climb form the *pinya*, or mass, the sturdiest form the lower storeys, quick and agile young people are needed higher up and the tower is crowned by a group of three children who are not usually more than ten years old. Meanwhile, the team leader, the wisest and most unruffled of them all, keeps his feet firmly on the ground.

Illustrations

p. 241. Top: left, *Castells* at the feast of Santa Tecla in Tarragona; right, the 'Castellers de Sants' loading a *tres de nou* (nine storeys supported by three men). Bottom, the *enxaneta* of the 'Xiquets de Valls' makes the sign of the *aleta*, raising an open hand to complete the tower.

p. 242. The 'Minyons de Terrassa' unload a *quatre de nou* (nine storeys supported by four men).

p. 243. The 'Xiquets de Valls' complete a *quatre de nou* on rival territory at Vilafranca del Penedès.

El Rocío

El Rocío (Huelva)

Of all the traditional spring celebrations held in Spain, the pilgrimage to El Rocío is possibly the oldest. Scholars say that some kind of ceremony in praise of fertility, symbolised by a female divinity, was probably held in the area of the Huelva marshes in pagan times coinciding with the spring equinox. That means that Christianity simply absorbed ancient popular rites into the new liturgy. Whatever the case, we ought to be thankful for this, as it's difficult to find a religious event in which devotion, a festive spirit and the joy of living are so closely linked and so intensely manifested. There's no doubt that the Marian pilgrimage of El Rocío is one of the most popular in the world. The main day of the celebration, Whitsunday, the village of El Rocío, with its 2,000 inhabitants, becomes Spain's third largest city, with 1,300,000 pilgrims and visitors. Although the pilgrimage officially lasts two days, the feast starts long before, on the road to Almonte, the municipality El Rocío forms part of. The pilgrims take to the road on foot, on horseback or on hundreds of wagons pulled by oxen and decorated with flowers and coloured ribbons, crossing the marshes towards the shrine of La Santa Paloma, the name also given to the Virgin of El Rocío. By day, the wagons are a means of transport for the pilgrims, their provisions and their belongings, by night they become their sleeping accommodation. The men dress in the traditional Andalusian country style, with a short jacket, a Cordoban hat and boots, while the women wear colourful skirts. On the Saturday before Whitsunday the Presentation of the Brotherhoods can be seen, starting at twelve o'clock midday, when all the brotherhoods file past the shrine in reverse order of age to pay their respects to the Virgin with their insignia, the *Simpecado*. On the Sunday morning, at ten o'clock, mass is held in El Real. All around guitars are played, the pilgrims sing and dance on improvised stages, riders show off their carefully groomed horses, and people eat, drink and enjoy life.

Illustrations

p. 245. Top, wagons on the road to El Rocío. Bottom, left, two pilgrims dancing *sevillanas* during a break in the journey; middle, a carriage outside the shrine of La Blanca Paloma; right, one of the El Rocío brotherhoods setting out.

pp. 246-247. Pilgrims struggle to touch La Blanca Paloma.

Easter Week

The Easter Week processions are basically a staging of the Passion and Death of Jesus Christ using very lifelike images carried on floats by the *Nazarenos*, who in this way ask forgiveness for their sins with a public act of penitence. The origin of most of the Easter Week processions lies in the Council of Trent (1545-1563), when the Catholic Church defended itself against the Protestant Reformation by introducing radical changes into the liturgy and even by building churches, which found in Baroque art the magnificence and solemnity with which it wanted to surround its religious services. At first, these processions consisted of just a Via Crucis, a simple, symbolic way of representing the Death of Christ. Before long, though, devotion to certain forms of the Virgin or some image that was especially dear to the faithful began to make for more complex processions, with richer floats and more numerous guilds or brotherhoods taking part. Nowadays, despite the growing secularity of our society, the Easter Week processions have not diminished in importance; on the contrary, they are increasingly popular and some associations of Andalusians or their descendants have even set up their own processions in autonomous regions that used not to hold them. There's no doubt that Easter Week in Seville is an unforgettable spectacle. The devotion the locals feel for some of their images, like *La Macarena*, *El Cristo del Gran Poder* or *La Virgen de la Esperanza de Triana*, shows itself in their fervent cheers and the traditional *saetas*, devotional songs that cleave the spring air of the early morning in Seville like a dart. The Easter Week processions in Valladolid, for their part, have been held since 1498; in other words, before the Council of Trent, though they reached their peak in the 16th and 17th centuries. The floats stand out for their artistic quality, with images by the great sculptors of the Castilian school, like Juan de Juni, Francisco del Rincón or Gregorio Martínez. The processions in Cartagena, which begin in the early morning of the Friday before Palm Sunday and go on until Easter Sunday, also exhibit floats by great sculptors like Juan González Moreno, José Capuz, Francisco Salzillo and Mariano Benlliure. The penitents are especially impressive as they march in time to the rhythm of the drums.

Illustrations

p. 249. Left: top, a procession in Málaga; centre, Easter Week in Valladolid; bottom, *costaleros* carrying a float in Málaga. Right: top, the 'Esperanza Trianera' float in Seville; below, the brotherhood of Jesús Nazareno during the 'Drunks' Procession' in Zamora.

pp. 250-251. A procession in Seville going under the Arco de la Macarena.

April Fair

Seville

Curiously enough, the founders of one of the most unmistakably Andalusian traditional events were a Basque, José Ybarra, and a Catalan, Narciso Bonaplata. In 1846, these two local councillors submitted a proposal for the celebration of this fair, which was inaugurated a few months later, on 18 April 1847, with authorisation from Queen Isabella II. While at first it was essentially an event for farmers and breeders, from the very first edition the fair precinct included catering establishments. In the words of Ybarra, 'Nineteen *casetas* [marquees] were set up selling good wine from Valdepeñas and other *casetas* sold a lot of aguardiente from Cazalla... there were two catering for travelling men; one, in El Real, called Fonda de los Arados and also La Hostería, and another, by the San Fernando gate (La Fonda).' Very soon, the fair began to lose its rural nature to become an urban event, the main celebration of spring in Seville. Nowadays, the fair has grown to such a size that the life of the city is organised around it and not just for the ten days the event lasts; the work of preparing it gets under way in autumn. The figures are staggering. At the 2010 edition, at the height of the economic crisis, the fair precinct, lit up by 370,000 light bulbs, covered a surface area of 1,200,000 square metres, with 15 alleys and 24 blocks over which were distributed 1,047 *casetas* in which 1.7 million bottles of Fino were consumed. More than a million people visited the fair. A study by the University of Seville estimated the economic impact of the fair at 675.5 million euros; in other words, 3.48% of the city's gross production. But figures are too cold to convey the great explosion of joy that marks the fair, the elegance of the riders, with their country dress and their wide-brimmed hats, the girls like enormous multi-coloured flowers riding side-saddle behind them with their ruffled dresses and a carnation in full bloom in their hair. Everyone must take a walk along El Real, visit the red and white or green and white striped canvas *casetas* to drink Fino, enjoy the *tapas* and dance a *sevillana*, delight at the sight of the horses and carriages parading by and feel the magic of a bullfight in La Maestranza when the spirit decides to descend on the sand and takes over the bulls and the bullfighters...

Illustrations

p. 253. Top: left, a decorated carriage on El Real; right, a group of women dressed in their traditional ruffled dresses chat outside the marquees. Below, aerial view of Calle del Infierno ('Hell's Alley').

p. 254. Entrance to El Real

p. 255. A pair of horse-riders at the fair.

Sanfermines

Pamplona

Starting from the *chupinazo*, the rocket fired by a lucky member of Pamplona's City Hall on 6 July at 12 o'clock midday on the dot, and ending with the *Pobre de mí*, the song sung by the distraught youth gathered in the square outside the City Hall at midnight on 14 July, there are eight days of excess, gaiety, frights and, above all, alcohol, a lot of alcohol. After the *chupinazo*, thousands of men and women follow the procession of city councillors and the mayor as far as the San Fermín chapel, dancing in time to the rhythm of the *Riau Riau*, a litany they chant to the music of the waltz by Miguel Astráin. Each day, the feast begins with the running of the bulls that will be fought in the afternoon. When the church clock of San Cernín points to eight o'clock, two rockets are fired. The first one is known as the 'cowards' rocket'; the brave wait for the second before they begin running. Then, the bulls come out of the corrals on Cuesta de Santo Domingo, galloping after the *mozos* on their way to the pens in the bullrings. The race is 825 metres and lasts between three and four adrenalin-filled minutes when the running is 'clean'; that is, when the bulls run in groups surrounded by the oxen. When things go wrong –that is, when one of the bulls gets cut off from the rest of the herd– the running can take anything up to ten minutes. A lone bull can give rise to very dangerous situations, because so long as it's running with the herd, all it thinks about is keeping up with the others, but when it's isolated it wants to defend itself from the danger it sees in the crowd of *mozos* and it does so, obviously, by attacking. In the afternoon the bulls that were herded in the morning are fought in a ring that is filled to the brim with locals and outsiders eating and drinking in a pagan, Dionysian atmosphere of over-indulgence. Between the running of the bulls in the morning and the bullfight in the afternoon (and vice versa), people keep eating, drinking, dancing and some even sleep a bit, though a lot of the *mozos* take part in the running without having slept a wink all night. Every year, anti-bullfight protesters stage a fictitious running of the bulls, totally naked and carrying placards condemning the feast. In recent years, also, Guiri Day has been held to elect the Guiri of the Year; in other words, the foreigner who has stood out for his or her love of the celebration. As can be expected, the event ends with a great binge attended by foreigners from previous years.

Illustrations

p. 257. Top, the *chupinazo* marks the start of festivities. Bottom: left, young people recovering from the excesses and the excitement; right, the bulls arrive at the bullring.

pp. 258-259. Running the bulls in the morning round-up.

Moors and Christians

In the year 710, the Arabs, galvanised by the new religion preached by the prophet Mohammed, had already conquered northern Africa. Finally, in July 711, an army of 7,000 men consisting mainly of Berbers crossed the Strait of Gibraltar and after defeating the Gothic King Roderic's troops at the battle of Guadalete found the way ahead of them clear for the conquest of the Iberian Peninsula. The conquest was extraordinarily quick, due to the collapse of the Visigothic kingdom and the collaboration of certain sectors of the Christian population. As in the stories about Asterix the Gaul (even if not in the real Gallic Wars), in the year 756 only a small region of irreducible Christians were still holding out in Asturias, commanded by Pelagius. For more than seven centuries the conflicts between the different

Christian kingdoms and the Muslims marked the history of Spain and Portugal. The Muslim legacy in Spain is there for all to see, not only in the grand monuments they left, like the Alhambra, the mosque in Córdoba and the many buildings with Mozarabic elements, but also in the Spanish language itself, in which about 17% of the vocabulary is of Arabic origin. The Muslim occupation is also the origin of the festivals of Moors and Christians that are held in more than 200 Spanish towns and villages in Andalusia, Aragon, Balearics, Castile, Catalonia, Extremadura, Galicia, La Mancha, Navarra and Valencia. In Granada province alone, as befits the Saracens' last bastion on the peninsula, there are 28 places where festivals of Moors and Christians are held. Over the course of time these celebrations have lost their religious and historical meaning and taken on a marked festive and carnival air. In general, they consist of formations of richly attired warriors who parade to the sound of music and put on striking performances. Their ritualised battles represent the conflict between the two sides, each defending their territory commanded by their captain. Very often, the Moors commit some foul deed that the Christians have no choice but to punish, such as stealing the image of the town's patron saint. The episodes usually end with victory for the goodies, who curiously enough are almost always the Christians. Lleida is an exception to this rule. In line with the traditional Catalan politics of consensus, and so as not to upset the city's large Moroccan population, each year victory goes to a different side.

Illustrations

p. 261. Moors and Christians festival in Alcoy (Alicante) and Pollença (Mallorca), bottom right.

pp. 262-263. Various moments during the Moors and Christians festival in Alcoy.

Carnival

Santa Cruz de Tenerife

Whereas in most places in Spain Carnival begins on Shrove Thursday and lasts a week, ending on Ash Wednesday, the Carnival in Santa Cruz de Tenerife, undoubtedly the most famous and most popular in Europe, goes on for about four weeks. Throughout this time, in the streets of the city and in venues specially prepared for the occasion, crowded dances go on until the early hours, there are competitions for musical groups, carnival groups or decorated floats and a Carnival Queen is proclaimed, all in an atmosphere of merry-making, colour, fun and healthy revelling.

Breaking the rules is part of the very nature of Carnival. Every society celebrates events of this type, in which the social order is subverted, slaves are served by their owners, women become mayors, identities are hidden behind masks and fancy dress, sexual roles are inverted and anonymity allows all sorts of liberties and excesses.

The carnivals held in Europe are not unlike some Roman winter celebrations, such as the *kalendae Ianuriae*, in which groups got together in fancy dress to mock the city's institutions and important figures. In those societies where Christianity has played an important part, as in the case of Spain, the fact that Carnival is held just before Lent, a time of fasting, withdrawal and penitence, further emphasises its transgressive nature. Overturning of the established order in this way, however light-hearted and short-lived, has always been frowned on by the Church and by dictators. General Miguel Primo de Rivera, in 1930, may have wanted to limit the excesses of the Carnival in Santa Cruz de Tenerife, but during the dark years under Franco it looked as though it was doomed to disappear for ever. Camouflaged as the Winter Festival, the city's Carnival just managed to survive until democracy was restored, at which point it was born again in all its glory, more colourful, more lavish and merrier than ever. The Winter Festival included competitions for musical groups and one for decorated carriages, but the *comparsas*, one of the most attractive elements of the Carnival, didn't appear on the scene until 1965. These groups of men and women in fancy dress sing and dance as they march through the streets following carefully rehearsed steps. Clearly inspired in the Rio Carnival, they have become a symbol of the Carnival in Santa Cruz de Tenerife and of the city itself.

Illustrations

p. 265. Top, Plaza de España in Santa Cruz de Tenerife at the height of the Carnival and members of a *comparsa* parading dressed as Obelix. Below, electing the Carnival Queen.

pp. 266-267. The Carnival Queen and a colourful parade.

The 'Falles'

Valencia

The Falles belong to a long Mediterranean tradition of spring festivals to celebrate the March equinox, when nature is reborn, purified by fire, and we bid farewell to winter and to all the old things that are going to be burned on the bonfire. Some researchers say that the Falles go back to the big celebration held by the carpenters every day on Saint Joseph's Day, when they used to burn all the useless bits of leftover wood and cleaned their workshops of dust and straw, all ready for the new season. Another version, also involving carpenters, describes how they put clothes on their *parots*, the oil lamps they used in winter, and hung them on the doors of the houses with humorous notes about the people who lived there. These figures gave rise to the wonderful, short-lived *ninots* (effigies) that characterise the Falles.

This feast isn't held only in the city of Valencia, but also in various other towns in this Autonomous Community, though nowhere on such a scale as in the capital. In Valencia it takes place during Falles Week, from 15 to 19 March. The fifteenth is the day of the *plantà*, which is when the monument is put up with the *ninots* which the master *ninotaires* have spent the whole of the year making. Meanwhile, each of the festival commissions presents its candidate for 'Fallera Major' (a sort of festival queen), who will be chosen by various judges at the end of a long process. The Fallera Mayor, a title every Valencian girl aspires to, will preside the celebration along with her Court of Honour, consisting of the twelve runners-up. During Falles Week, the day begins with the *despertà*, when the *fallers* rouse the residents with fireworks and bands of musicians. These aren't the only fireworks in the celebration. Every night there are spectacular displays and *mascletàs*, chain explosions of *masclets*, an extraordinarily loud type of firecracker. All week the Valencians hold noisy dances and walk around admiring the hilarious parodies of the *ninots*, savage caricatures of current affairs. At midnight on the nineteenth the Falles are set alight creating a magnificent spectacle, the *cremà*, though only after one *ninot*, elected by popular suffrage, has been pardoned and saved for the city's splendid Museu Faller.

The next day, festival commissions and *ninotaires* set to work to prepare the next *cremà*, in a cycle repeated year after year, like the arrival of spring itself.

Illustrations

p. 269. Top, image of the Mare de Déu dels Desamparats and the floral offering; centre, the Falles museum; below, a *falla* satirising the conflict over women wanting to fish in L'Albufera and, on the right, the overdone Baroque of one of the *falles*.

pp. 270-271. The flames devour an entire year's work.

Flamenco

When the term 'flamenco' first appeared in the 18th century, it was used to refer to a type of singing, dancing and playing that had brought together a fertile blend of all sorts of traditional Andalusian and Gypsy music with an obvious Arab influence. Flamenco artists, in their performances, have always swung between two poles: very rigid structures called *palos* and free improvisation following the artist's personal inspiration or the influence of other types of music which are not 'endorsed' by purists. Whatever the case, improvisation, as in so many other manifestations of traditional music, is a decisive factor in flamenco. Furthermore, the globalisation of culture, especially in the case of music, and the relentless influence of pop rhythms from English-speaking countries and Latino rhythms from Latin-American countries is giving rise to a new merger which the purists can do very little to stop. Any attempt to restrict flamenco is overwhelmed by the creativity of musicians for whom freedom is the pure essence of their art. Ketama, Triana, Rosario or Paco de Lucía, to name just a few, have had no qualms about incorporating rhythms from rock into their creations or recording with rock or jazz musicians.

Like any traditional music, flamenco was not born for the stage, but for the improvised party where everyone joins in more or less according to their possibilities. You are unlikely to see pure flamenco on the stage; its natural setting is the Gypsy wedding, the marquees at the fair in Seville, the pilgrimage to El Rocío or the disorderly performance by musicians gathered over a bottle of Fino.

Nevertheless, any true fan of flamenco who doesn't get the opportunity to attend a Gypsy wedding can always join a flamenco club, where everybody's welcome and where there tend to be genuine moments of *duende*, the state of grace that settles over musicians and audience alike in glorious communion with the music and dancing. Another more conventional option is to go to the festivals held all over the country, like the Festival Internacional de Cante de las Minas de la Unión (Murcia) or the Veranos del Corral, in Granada, which is also an opportunity to visit the famous Gypsy caves of the Sacromonte. A third possibility are the established *tablaos*, like El Corral de la Morería, in Madrid, considered the best in the world, whose boards have seen the great performers of all time.

Illustrations

p. 273. Top: Celia Gómez and Antonio Canales appear in *Cayetana, su pasión* and Tomasa Guerrero Carrasco, *La Macanita*, during a performance in Seville; bottom, Los gallos *tablao* in the Santa Cruz district in Seville. Right, the singer Antonio Núñez, *El Chocolate*, with Antonio Carrión on the guitar.

p. 274. Flamenco show in one of the caves of the Sacromonte.

p. 275. A performance by the dancer Juan Manuel Fernández Montoya, *Farruquito*.

CUISINE

As George Bernard Shaw once said, 'there is no sincerer love than the love of food'. The history of traditional cooking, which in the words of Josep Pla is the art of putting the landscape in the pot, could hardly be anything other than varied in Spain. Indeed, for generations housewives have developed ancient wisdom and, making a virtue of necessity, have turned historically scarce resources into dishes which, more than just subsistence, are quality cuisine creations. This wisdom, this imagination, runs parallel to the diversity of climates and landscapes on our Peninsula. Spanish cooking, with its variety, has everything it takes to seduce you. We could talk about Mediterranean cuisine, the lavish grand cuisine of the Cantabrian and Atlantic coasts, the cuisine of hunters and shepherds of the Meseta or the fanciful Andalusian cuisine. There's room for everything in Spanish cooking.

Except for a few specialities, such as the roast suckling pig of Segovia, most traditional dishes stick to the principle of using animal protein, meat and fish, traditionally in short supply, as a condiment for a more easily obtainable base. This base can be a cereal, a legume or a root tuber. Cereals provide an endless range of delicious rice dishes, from the Valencian *paella* to an assortment of meat and rice dishes (rabbit, young pigeon, chicken, etc.). They have also given us the dish that has raised the humble crust of stale bread to the level of supreme nobility: the *migas*, or bread crumbs, of Castile, Andalusia and Extremadura. Another basic ingredient are legumes such as haricot beans, broad beans, lentils, peas and chick peas, usually enhanced with the effusive presence of the products of the slaughter (pork belly, garlic sausage or black pudding), or seafood, as in the brilliant Asturian discovery of haricot beans with clams. Legumes also play a part in a range of substantial stews: the *cocido madrileño* in Madrid, the *cocido maragato* in León, the Galician *pote* and the Catalan *escudella*. Root tubers, more specifically the potato, are the basis for the *caldera*. Some use lamb (shepherd's *caldereta*), others use pork or veal (in a range of stewed dishes) or rabbit (the magnificent *salmorejo* of the Canaries). They can also be prepared with fish, which gives us the *caldereta* of the Balearics or the Catalan *suquet*, the *zarzuela* or the Basque *marmitako*. Another type of dish deserving a special mention are the cold soups like *gazpacho*, *salmorejo* and *ajoblanco*, the perfect culinary answer to hot summer days in Andalusia and Extremadura. One of the kings of Spanish cuisine is ham. Originally prepared as a way of preserving the pig's leg, it has become a gastronomic luxury, one of the Spanish exports most highly prized abroad. Then we have the star of Spanish food, the cheeky, cheerful *tapas*. Originally intended to accompany (and stimulate) a festive drink, they have become an unquestionable centrepiece of fanciful cooking, either in the form of little fried fish, in Andalusia, octopus, in Galicia, or canapés, in the Basque Country.

Tapas

The *tapa* has gone from being 'a small portion of food to accompany a drink', as defined in the dictionary of the Spanish Royal Academy, to being the star of a particular approach to food. Although there are dishes that are prepared specifically for consumption as *tapas*, most dishes can be adapted to this function. Nowadays, each of Spain's Autonomous Communities has its own particular specialities that can be sampled not just as apperitifs, but as fully-fledged main dishes in their own right.

Traditional cooking

Like all traditional cooking, Spain's is based on two principles: making the most of scarce ingredients and the wisdom accumulated by generations mainly of women, handed down over the centuries from mothers to daughters in the form of those simple dishes that are now part of traditional cooking and are characterised by being cheap, wholesome food.

Creative cuisine

Over the last two decades there has been a movement to renew Spanish cuisine led by a constellation of chefs of whom the most emblematic names are Ferran Adrià, Juan Mari Arzak, Martin Berasategui and Santi Santamaría. In preparing their creative dishes they make use of new technologies such as vacuum cooking, spherification or the microwave, but more than anything they use what we might call 'culinary fantasy', the ability to imagine new combinations of foods and techniques to create real works of art in exquisite combinations of flavours and textures.

Still and sparkling wines

According to historians, the Roman Empire extended as far as grapes were grown. They didn't invent wine-making, but they did introduce vine-growing and wine-making into every region they ruled.
In recent decades, Spain has started to produce wines that are celebrated by sommeliers the world over. The care of our wine-growers and the skills of our wine-makers have put our country's name on wine lists in the finest restaurants in countries as demanding as France and the United States.

Illustrations

p. 299
Busy restaurants need a large kitchen staff to see to every little detail.

p. 300
Some establishments have made their *tapas* into their finest argument for attracting clients.

p. 301
There are no limits to the creation of *tapas* other than the cook's imagination and the demands of the clients.

p. 302
Fried eggs and *chorizo* (garlic sausage).

p. 303
From left to right and top to bottom:
Cured ham.
Idiazábal cheese.
Garlic soup.
Asturian stewed beans.
Seafood *paella*.
'Shepherd's fried breadcrumbs'.
Hake in green sauce.
Chicken in a tomato and pepper sauce.
Roast suckling pig.

p. 304
New techniques have revolutionised the work of the great chefs.

p. 305
From left to right and top to bottom:
Salad of jellied barnacles and oysters with white asparagus sorbet.
Asparagus with sweetbread and truffle vinaigrette.
Zucchini flower filled with brandade.
RAF tomato charlotte with lobster and spring carrot vinaigrette.
Young hake *gazpachuelo* soup with saffron and sour cream.
Tuna belly in amontillado with apple and rhubarb.
Grilled Esla valley beef tenderloin with truffled bread crumbs, foie-gras royale and artichokes.
Confit of duckling with pears and pomegranates.
Sea bass in melissa with garlic sprout tempura.

p. 306
The wine-grower's first concern: the quality of the grape, the essential raw material for making good wines.

p. 307
Left to right and top to bottom:
Vineyards in La Rioja Alavesa.
The long-awaited moment: the grape harvest.
Selection and automatic pressing in the Marqués de Riscal cellars in La Rioja Alavesa.
Regalía de Ollauri wines ageing in oak barrels.
Sparkling wines complete their fermentation in the bottle.
View of the Cavas Torelló cellars.

Créditos fotográficos

Age Fotostock:
Bartomeu Amengual: 261 abajo derecha
Gonzalo Azumendi: 283 arriba centro
Tolo Balaguer: 79 abajo
Tibor Bognar: 253 arriba izquierda, 254
Maurizio Borgese/Hemis: 269 abajo derecha
Jordi Camí: 83 arriba derecha, 155 abajo
Luis Castaneda/Tips Images: 249 centro y abajo izquierda
Marco Cristofori: 79 centro izquierda
J. D. Dallet: 283 arriba izquierda
Hanke Dressler/Look: 273 abajo izquierda
FoodCollection: 283 centro
Patrick Forget/Sagaphoto: portada centro
José Fuste Raga: 68-69, 84-85, 261 arriba
Georg Gerster: 83 arriba izquierda
Karl Johaentges/Look: 281 centro
Maurici Mayol: 83 abajo derecha
Xavi Olivé: 281 abajo derecha
Juan José Pascual: 249 arriba derecha (y contraportada), 253 arriba derecha
Quadinga Images/Look: 281 centro derecha
Philippe Renault/Hemis: 265 arriba, 266 (y contraportada)
Isidoro Ruiz Haro: 83 abajo izquierda
Klaus Siepmann/Maurithius Images: 79 arriba derecha
Stock Food:
Ian Garlick: 281 centro izquierda
Studio Bonisolli: 281 abajo izquierda
Alison Miksch: 283 abajo derecha
Amos Schliack: 281 abajo centro
Lucas Vallecillos: 273 arriba derecha
Jochem Wijnands/PictureContact Bv: 269 arriba
Wilmar/BrunoStock: 155 arriba izquierda

Luis Agromayor: 147 abajo derecha

Album:
Oronoz: 147 arriba, 173, 197, 198-199
Prisma: 155 arriba derecha
Miguel Raurich: 45 izquierda
Paco Sánchez: 273 abajo derecha

Samuel Aranda/Getty Images: 279

Ángel Araújo: 21 abajo, 22-23

Manel Armengol: 136 arriba derecha, 151 abajo derecha

Gonzalo Azumendi: 41 (y portada), 42-43, 54-55, 80-81, 163 abajo, 203, 204-205 (y portada), 219, 220-221, 227 (y contraportada), 228-229, 249 arriba izquierda (y contraportada) y abajo derecha, 257, 258-259 (y portada), 280, 281 arriba, 283 centro izquierda

Eduardo Barrachina: 18 abajo derecha

Matías Briansó: 17, 25 abajo, 26-27, 45 derecha, 46, 118-119, 163 arriba, 181, 182-183

Andreu Castillejos: 33, 34-35

Toni Catany: 79 arriba izquierda

Cine, S.L./Antonio Menéndez Castell: 49, 67 centro izquierda

Consejería de Cultura. Junta de Andalucía. Museo de Bellas Artes de Sevilla: 189, 190

Cordon Press: 273 arriba izquierda
Barbara Boensch/Imagebroker: 208-209
Marcos Brindicci/Reuters: 275
Marc Dozier/Hemis: 274
Marcelo del Pozo/Reuters: 250-251
Santiago Ferrero/Reuters: 265 abajo, 267

Gregorio de la Cruz: 126-127 (y portada)

Pep Daudé/©Templo Expiatorio de la Sagrada Familia: 98-99

Daniel Duart/Contacto: 270-271 (y contraportada)

Rosmi Duaso: 269 abajo izquierda

EFE/Juan Carlos Cárdenas: 284

EFE/Morell: 261 abajo izquierda, 262 (y contraportada)

Mario Entero: 215, 216-217 (y contraportada), 286, 287

Fundació Gala-Salvador Dalí, Figueres: 177, 178, 179

Martín García Pérez: 143 arriba derecha

Sacha Hormaechea: 282, 283 arriba y centro derecha y abajo izquierda y centro, 285

Xurxo Lobato: 29, 50-51, 105 arriba, 237 arriba, centro izquierda y abajo (y portada)

Rafael López-Monné: 241, 242, 243

Marc Llimargas i Casas: 103, 117 (y portada), 136 centro izquierda y abajo derecha, 139 abajo izquierda y arriba derecha, 143 abajo izquierda, 193, 231, 232-233

Sebastián Martín: 164-165

Oscar Masats: 59, 105 abajo derecha, 139 abajo derecha

Ramon Masats: 21 arriba (y contraportada), 37, 47, 63 arriba izquierda y derecha, 67 arriba izquierda, 91 abajo, 113, 123, 125, 135, 136 arriba y abajo izquierda, 137, 139 arriba izquierda, 143 arriba izquierda, 144-145, 194-195, 249 abajo, 255

Juan Manuel Moll: 53

MNCARS-Museo Nacional Centro de Arte Reina Sofía, Madrid: 174-175

Domi Mora: 25 arriba (y contraportada), 63 centro izquierda, abajo izquierda y derecha, 64-65, 67 abajo izquierda y derecha, 71, 72-73, 75, 76-77, 87, 88-89, 91 arriba, 92-93, 101 (y contraportada), 105 abajo izquierda, 106-107, 122 arriba, 147 abajo izquierda, 148, 149, 156-157, 191, 207, 237 centro derecha, 238, 239

Museo Nacional del Prado, Madrid: 169, 170-171 (y portada)

Pepe Navarro: 97, 211, 212, 213, 269 centro izquierda

Josep Maria Oliveras Puig: 151 arriba, abajo izquierda y centro, 152-153

Francisco Ontañón: 38, 39, 60, 61 arriba, 109 (y portada), 114-115, 121, 122 abajo (y contraportada), 159, 160, 161, 185, 186, 187 (y contraportada)

Rodrigo Pérez: 110-111

Marc Pons: 102

Raga/Prisma: 263

Jürgen Richter: 245 (y contraportada), 246-247

Humberto Rivas: 61 abajo, 143 abajo derecha

Javier Sánchez Martínez: 30-31, 223, 224-225

Pedro Saura: 129, 130, 131 (y portada)

Juan Tébar: 18 arriba y abajo izquierda, arriba derecha, centro derecha, 19, 140-141 (y portada), 143 centro izquierda